JN098703

今日から
モノ知り
シリーズ

トコトンやさしい

ウェアラブルの本

キーテクノロジーと
活用分野がわかる!

塚本 昌彦

コンピュータを身に着ける新しいスタイル、それがウェアラブルです。コンピュータの小型化や高性能化にともない、メガネや腕時計などのデバイスにコンピュータを組み込めるようになりました。日常での利用だけでなく、工場や医療、観光、警備など様々な産業で活用が進んでいます。

B&Tブックス
日刊工業新聞社

はじめに

40年以上も前にコンピュータ系の研究分野として立ち上がった「ウェアラブル」ですが、最近になってようやく普及の兆しが見えるようになりました。

腕時計・リストバンド型やイヤホン・ヘッドホン型などはここ数年で一気に販売台数を伸ばし、日常生活の中で使われるようになってきています。一番の注目はメガネ型です。なかでも視覚を増強するＨＭＤ、あるいはスマートグラスは人々の暮らしや仕事を根底から変革するポテンシャルを持ち、ポストスマートフォンとして最も有力なデバイスとされています。

筆者はＨＭＤを約２０年前から日常生活の中で常に装着し続け、今にもＨＭＤの時代がやってくることを主張し続けてきました。そして今、ようやく多くの大手ＩＴ企業のトップたちが同じことを言うようになってきたのです。この先、２０２１年からの5年間で数多くの商品が登場し、そのうちのいくつかは失敗し、いくつかは成功することになるでしょう。

今挙げた以外のデバイスも多数登場しています。海外のクラウドファンディングやＣＥＳ（米国で開催されている電子機器の見本市）などの展示会では、この10年間、数多くのアイデアを基にして、体のいたるところに装着できるデバイスが発表されてきました。人間の体にＩＴを足せば、驚くほど多くの身体機能が拡張されるのです。その恩恵を受け、人々はより便利・快適、安全・安心、豊かで楽しい生活を送れるようになるでしょう。

ウェアラブルコンピューティングは日常生活や仕事など、さまざまな活動の中で利用されるものです。未知数の部分も多く、必要とされる技術も多岐にわたります。本書では、このような幅広い技術や応用をできる限り網羅し、ウェアラブルの全体像を俯瞰することを目指しました。技術や応用はまだまだ変化の途中にありますが、大きなステップを踏み出した今、それらをまとめることは多くの人に有用だと考えています。

この分野では、今まで多くの失敗がありました。筆者の知る限り、その多くの原因は初歩的な「知識の不足」によるものです。どうやら、人間に関すること、ウェアラブルデバイスに関することは、少し知っただけで全部分かったつもりになってしまうようです。ところが、実際にはウェアラブルデバイスを開発する人も利用する人も、原理や技術など、さまざまなことに熟知している必要があります。WebやYouTubeのように誰もが簡単に利用できるものとは異なり、実世界の道具は時間をかけて使いこなせるようになったものが最も便利なのだという点が、大きな違いなのではないかと思います。

これから一気にウェアラブルの時代がやってきます。開発者、利用者に関わらず、ウェアラブルに関する広範な知識を身に着け、それらを正しく使いこなしていくことを目指しましょう。

2021年1月

塚本　昌彦

トコトンやさしい

ウェアラブルの本

目次

目次 CONTENTS

第1章 注目が高まるウェアラブル

第2章 ウェアラブルでできること

第3章 さまざまな形のウェアラブル

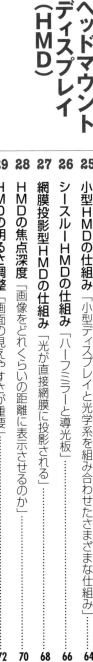

第4章 ヘッドマウントディスプレイ(HMD)

第5章 ウェアラブルを支える技術

第6章 ウェアラブルの利用と安全

第7章 ウェアラブルを活用する場面

第8章 ウェアラブルの新しい展開

【コラム】

第1章

注目が高まるウェアラブル

1 ウェアラブルとは

コンピュータを身につける新しいスタイル

ウェアラブル（wearable）とは「身に着けられる」という意味です。ウェアラブルコンピュータとは身に着けられるコンピュータのことで、ウェアラブルコンピューティングとはそれを利用することを言います。ウェアラブルコンピュータには、眼鏡型、腕時計型、帽子型、イヤホン型、リュックサック型、ベルト装着型、ベルト型、服型、ペンダント型、ばんそうこう型、ズボン型、靴型、ソックス型、コンタクトレンズ型など、装着する部位によってさまざまな形があり、使い方も多様です。コンピュータが小型になり軽量化されたので、コンピュータをさほど苦も無く体に取り付けられるようになったのです。

例えば、眼鏡型のコンピュータには、内部にコンピュータのディスプレイを備えており、それを使ってスマートフォンやパソコンの画面をいつでもどこでも、何も持たずに見られるものがあります。目の動きやこめかみの温度などを計測できるものもあります。腕時計型は腕の動きや心拍数を計測したり、情報を表示したりできます。普通の腕時計と同様、腕を目の前に掲げれば情報を見られます。ベルト型ではお腹周りの情報を計測できます。お腹の中の様子や腹囲、体温などです。靴型では加速度や圧力のセンサを用いて歩き方の確認ができます。ガスセンサを用いれば足のにおいを計測できます。ＬＥＤをつけて光らせれば、暗いところでも魅力的なダンスが披露できます。

身に着けられるコンピュータといっても、ＶＲのゴーグルや大型の脳波センサ、モーションキャプチャのシステム、卓上の血圧計などはウェアラブルとは呼びません。特定の場所から動けないからです。「身に着けられる」というのは単に装着できるだけでなく、「服」と同じように、装着したまま実空間内で動き回って活動できるという意味です。活動をしながらコンピュータを利用する点がウェアラブルの本質であることに注意しましょう。カプセル内視鏡や人工心臓のような、体内に入れるものはインプラントと呼び、ウェアラブルとは区別されます。

要点BOX

- ●装着する部位によって使い方が変わる
- ●身体の情報の確認や分析ができる
- ●実世界で活動しやすくするために使う点が重要

さまざまなウェアラブルデバイス

目（眼鏡）
情報提示（ディスプレイ・LED・振動・音声（骨伝導を含む））、視線測定、眼電位測定、マイク、表情測定、カメラ撮影
頭（帽子、キャップ）
脳波測定、温湿度測定、温湿度調整、衛生保持、他者への情報提示、紫外線測定、カメラ撮影
CAP
鼻（ノーズパッド）
鼻部温度測定、呼吸測定、におい提示
耳（イヤホン）
音声出力、内耳温度測定
口
（マスク、インカム）
マイク、呼気臭測定、表情測定、吸気清浄、冷暖房、保湿
首（首輪）
マイク、呼気臭測定、表情測定、空気清浄、冷暖房、保湿
胸（チェストベルト）
呼吸測定、心拍・心電測定
手首（腕時計）
情報提示（ディスプレイ・振動）、動作測定、心拍測定、血圧測定、血中酸素飽和度測定、紫外線測定、血糖値測定、体温測定
腹（ベルト）
腹囲測定、腹内測定（内臓の動きや状態など）、超音波カメラ撮影、振動提示、機器固定・吊り下げ
下腹部
（パンツ、おむつ）
動作測定、温湿度測定、臭気測定、体温測定
足（靴下、靴）
足圧測定、動作測定、臭気測定、温度測定、機器保持、衛生保持、情報提示（ディスプレイ・LED・音声）
指（指輪、グローブ）
動作測定、情報提示（ディスプレイ・LED・振動）、心拍・血中酸素飽和度測定、体温測定

2 ウェアラブルの歴史

コンピュータが生まれたころから考えられていた

ウェアラブルの元祖は（アナログの）眼鏡と時計です。眼鏡は手持ち式の拡大鏡から始まり、13世紀ごろに装着型のものが発明されました。時計は懐中時計が19世紀になって腕時計に進化しました。ただし、これら自体はウェアラブルとは呼びません。

眼鏡はその後HMD（Head Mounted Display）へと進化していきます。1966年にコンピュータ用のデバイスが発明され、その後、1980年代にMITのウェアラブルプロジェクトが立ち上がりました。そこからHMDやウェアラブルコンピュータのベンチャー企業が現れました。その後、2000年代、2010年代にかけて多数の企業が眼鏡型デバイスを販売しています。

腕時計は、1970年代後半には腕時計型電卓、1980年代にはコンピュータ機能を持った腕時計、その後、腕時計型携帯電話やカメラ、音楽プレーヤーなどが開発され、販売されました。2000年代になるとアクティビティトラッカーやGPSウォッチが現れ、2010年代中ごろから本格的なスマートウォッチが販売されるようになりました。

世界初のウェアラブルコンピュータは、1966年にMITの研究者がルーレットに勝つために作った、通信機能を持つアナログ計算機です。その最終バージョンはたばこ箱サイズで靴の中に入れられるものだったようです。1980年代にMITで「ウェアラブルプロジェクト」が立ち上がって以来、「ウェアラブル」という言葉が一気に有名になりました。

ウェアラブルの研究分野では、1997年に米国マサチューセッツ州でウェアラブルコンピュータに関する国際シンポジウム（ISWC97）が始まって以降、毎年開催されています。家電の見本市であるCES（コンシューマエレクトロニクスショー）やクラウドファンディングでは、多くの商品が登場しています。2015年からは毎年、日本でウェアラブルEXPOが開催されており、最新技術の展示が行われています。

要点BOX

- ●そのルーツは腕時計と眼鏡にまでさかのぼる
- ●1980年ごろに研究分野として広まった
- ●シンポジウム、展示会も多い

眼鏡と時計の進化

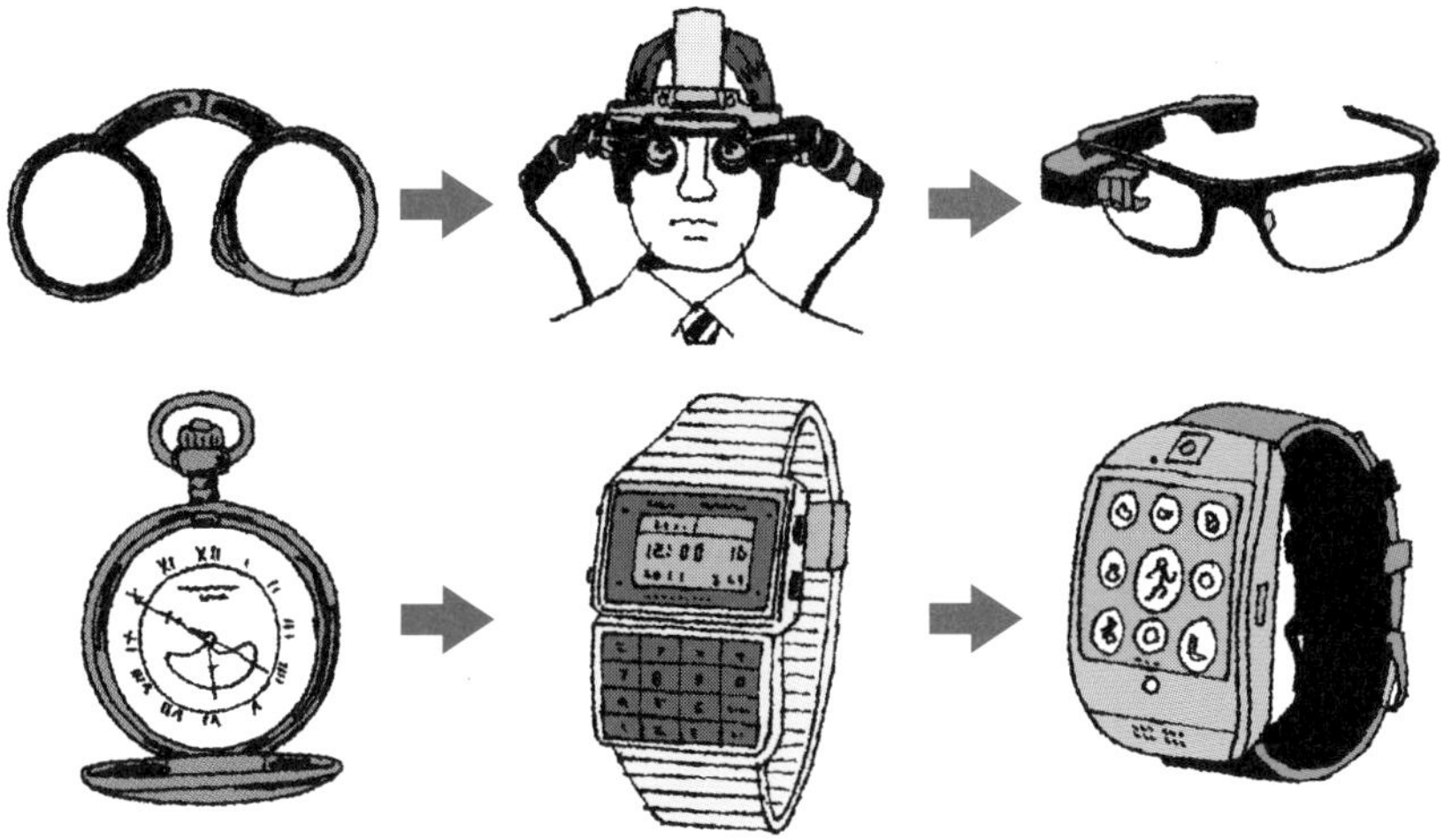

アナログの眼鏡や時計は「ウェアラブル」とは呼びません。

ウェアラブルの歴史

西暦	出来事
1966年	Ivan SutherlandがVR用の両眼HMD “The Sword of Damocles”を開発する（※）
1977年	Sinclair Instrument（英）がWrist Computerを販売。セイコーがCalculatorを発売
1984年	セイコーがUC-2000、エプソンがRC-20を発売。いずれも腕時計型コンピュータ
1996年	NTTドコモが腕時計型PHSを発表（2003年に商品としてWRISTOMOを発売）
1997年ごろ	Micro Optical（米）が単眼HMDであるIntegrated Eyeglass Displayを発売
1998年	Xybernaut（米）がウェアラブルコンピュータMobile Assistant IVを発売
1999年	日本IBMがウェアラブルコンピュータ2号機を発表
1999年	島津製作所がPC向けHMDデータグラスを発表（2001年にデータグラス2を発売）
2001年	日立がウェアラブルコンピュータWIA(Wearable Internet Appliance)を発売
2003年	マイクロソフトが腕時計型端末向け情報配信サービス・SPOT発表
2004年	GoPro（米）がフィルム式のアクションカメラを発売（※）
2007年	Myvu（米）がビデオiPod用両眼HMD Solo Plusを発売（2008年にはShadesなどを発売）
2008年	ニコンがヘッドホン型ビデオプレーヤーUPを発売
2011年	エプソンがMoverio、NEC がTelescouterを発売。Google Glassを発表（発売は2012年）
2013年	Jawbone（米）がUPを発売
2015年	Apple Watch発売、Google Glass発売をいったん終了
2016年	マイクロソフトがHoloLensを発売

※これ自体は「ウェアラブル」には当たりませんが、後のウェアラブル商品への影響が大きいため記載しています。

3

PC、スマートフォンとの違い

実世界で活動しながら利用できる

コンピュータは出現以来、小型化すると同時に高性能になり、使い方が変わってきました。1940年代の黎明期のコンピュータは現在では「大型計算機」と呼ばれるもので、部屋いっぱいを占めるものでしたが、今の電卓にも及ばない程度の計算能力でした。それでも当時は軍事計算や科学技術計算に使われました。

1970年代ごろに、コンピュータは机の上に置けるほどの大きさになって安価になり、データベースや帳簿管理などの業務用途に使われるようになりました。これらは「デスクトップコンピュータ」と呼ばれ、産業用として一気に普及しました。

1980年代になってさらに小さくなったコンピュータは、「ラップトップコンピュータ（膝の上におけるコンピュータ）」や「モバイルコンピュータ（持ち運べるコンピュータ）」と呼ばれ、かばんやポケットに入れて持ち運べるようになりました。これによっていつでもどこでもコンピュータが使えるようになり、同時にインターネットや携帯電話が普及しWebやメールが利用できるようになりました。現在のスマートフォンは「究極の」モバイルコンピュータであり、その用途は身近な人との会話やSNS、ショッピング、予約など生活の幅広い部分をカバーします。

ウェアラブルはモバイルの次のステップであり、次のようなメリットがあります。

・ユーザが活動している間、常時利用できる。
・場所を問わず24時間、365日利用できる。
・ユーザの動きや生体情報が取得できる。

仕事中、食事中、ジョギング中、睡眠中など、ユーザの活動中にコンピュータを利用することが重要な点です。据付業務でねじの取り付け方の指示をしたり、目の前にいる人の名前や過去に会った履歴を表示したり、街中で、どの店に何が売っているのかや、どこに誰がいるのかを表示したりするなど、実世界での活動にコンピュータが直接関与していくことが、ウェアラブルの持つ大きな可能性です。

要点BOX
●コンピュータが小型化、高機能化して実現する
●実世界での人間活動を根本から変革するポテンシャルをもつ

コンピュータの発展

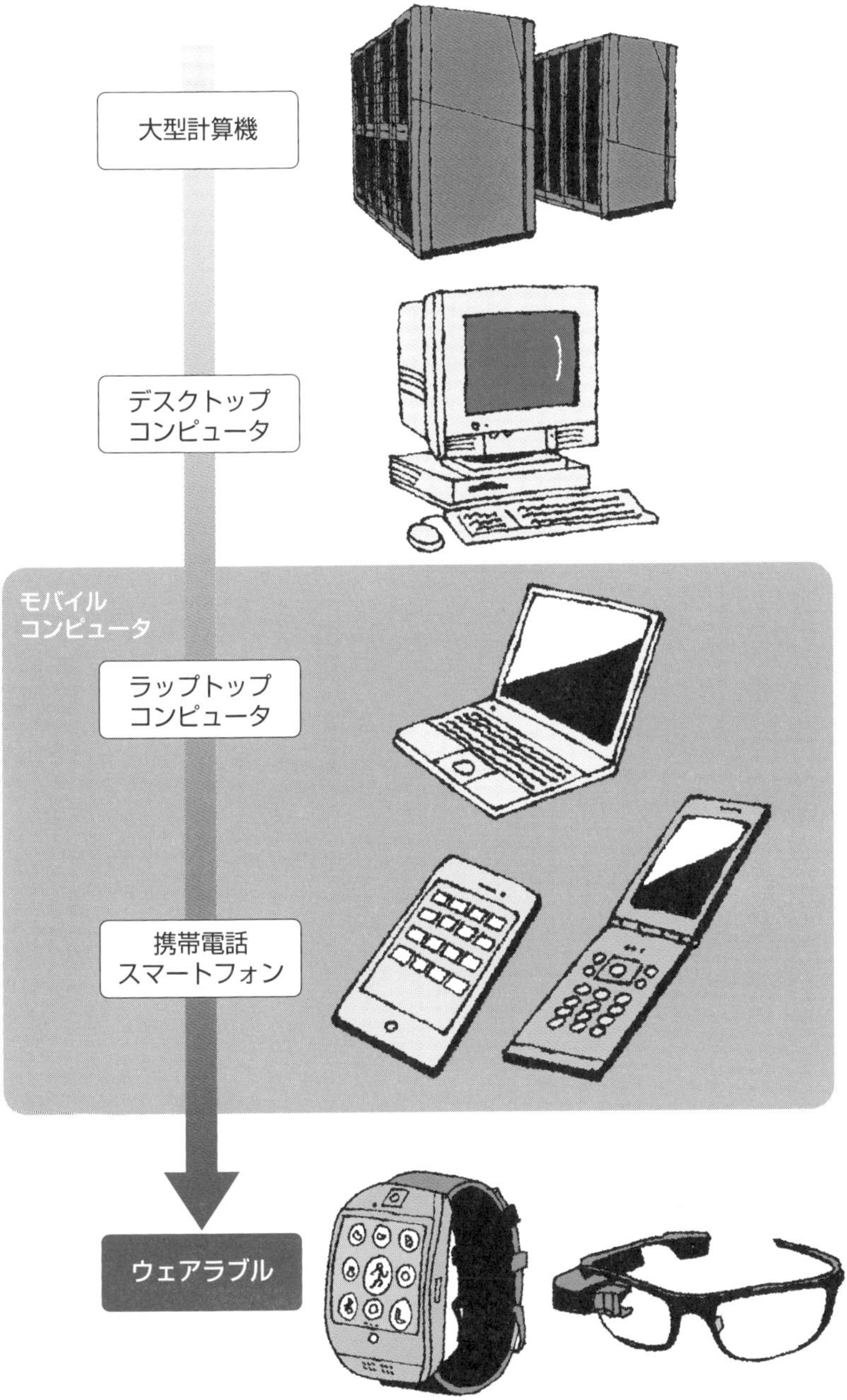

大型計算機
デスクトップ
コンピュータ
モバイル
コンピュータ
ラップトップ
コンピュータ
携帯電話
スマートフォン
ウェアラブル

4 ウェアラブルの普及状況

世界的に普及のきざしが見えている

総務省令和2年版情報通信白書によると、2019年のモバイル端末の世帯保有率は96・1%で、機器別の保有率ではスマートフォンが83・4%、パソコンが69・1%となっています。一方、ウェアラブルデバイスは4・7%であり、まだまだ普及しているとは言いがたい状況です。

IDC Japanによると、2019年のウェアラブルデバイス出荷台数は世界で前年と比べ89・0%増の3億3650万台となりました。デバイス別では、耳装着型（1億7047万台、前年比250・5%増）、腕時計型（9243万台、前年比22・7%増）、リストバンド型（6935万台、前年比37・4%増）となっています。耳装着型はヒアラブルとも呼ばれ、IT機能を持つイヤホン・ヘッドホンが急激に増加したため、ウェアラブルデバイスとして扱われ、計算に加えられるようになりました。腕時計型とリストバンド型は境界が不明確になってきていますので、両者をスマートウォッチとしてまとめる場合もあります。ヒアラブルとスマートウォッチがウェアラブル市場の大半を占めており、しかも急成長しているとみることができます。

国内の出荷量は115%増の617万台となっており、年198・7%増の急成長といえますが、経済規模で考えると日本での普及はまだまだ遅れているといえるでしょう。ヒアラブルが400・7万台と前年比303・5%増となっており、急成長のけん引役といえます。スマートグラス、HMDに関しては2019年の時点ではまだまだわずかです。

2020年にはコロナ禍により産業用で急成長している（6章コラム参照）とみられており、さらに2021年以降にはGAFAM、BATHを中心にARグラス市場が急激に立ち上がることが見込まれます。スマートグラス、HMDはウェアラブル市場の次のけん引役として、DX（デジタルトランスフォーメーション）による新しい世界を繰り広げていくでしょう。

要点BOX

- ●日本での出荷量は伸びたが、割合としては少ない
- ●ヒアラブルが大きな伸びを見せている
- ●世界企業によるAR市場展開やDX推進が追い風

日本の情報通信機器普及状況の推移

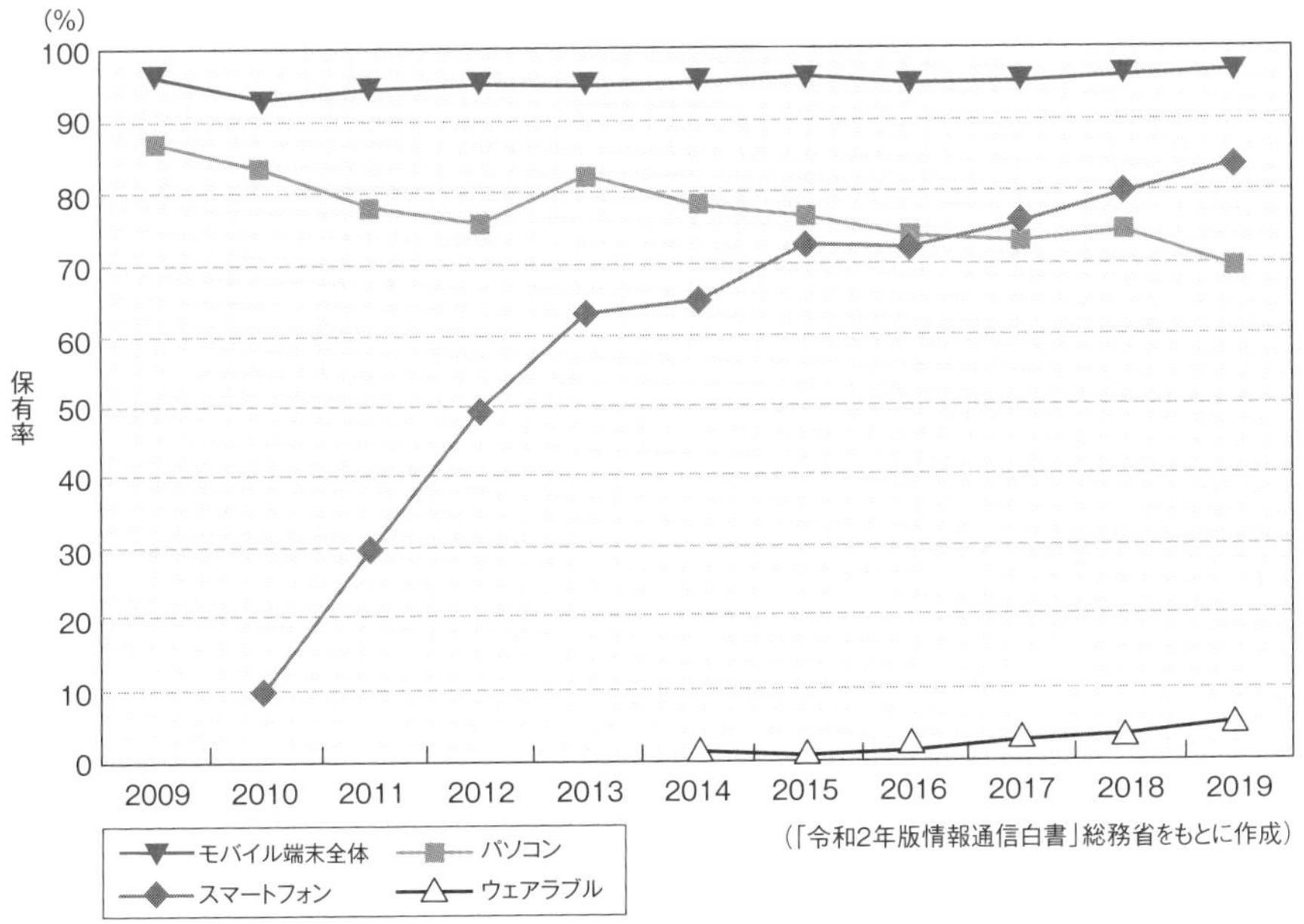

(「令和2年版情報通信白書」総務省をもとに作成)

世界の情報通信機器普及状況の推移

機器別の出荷台数

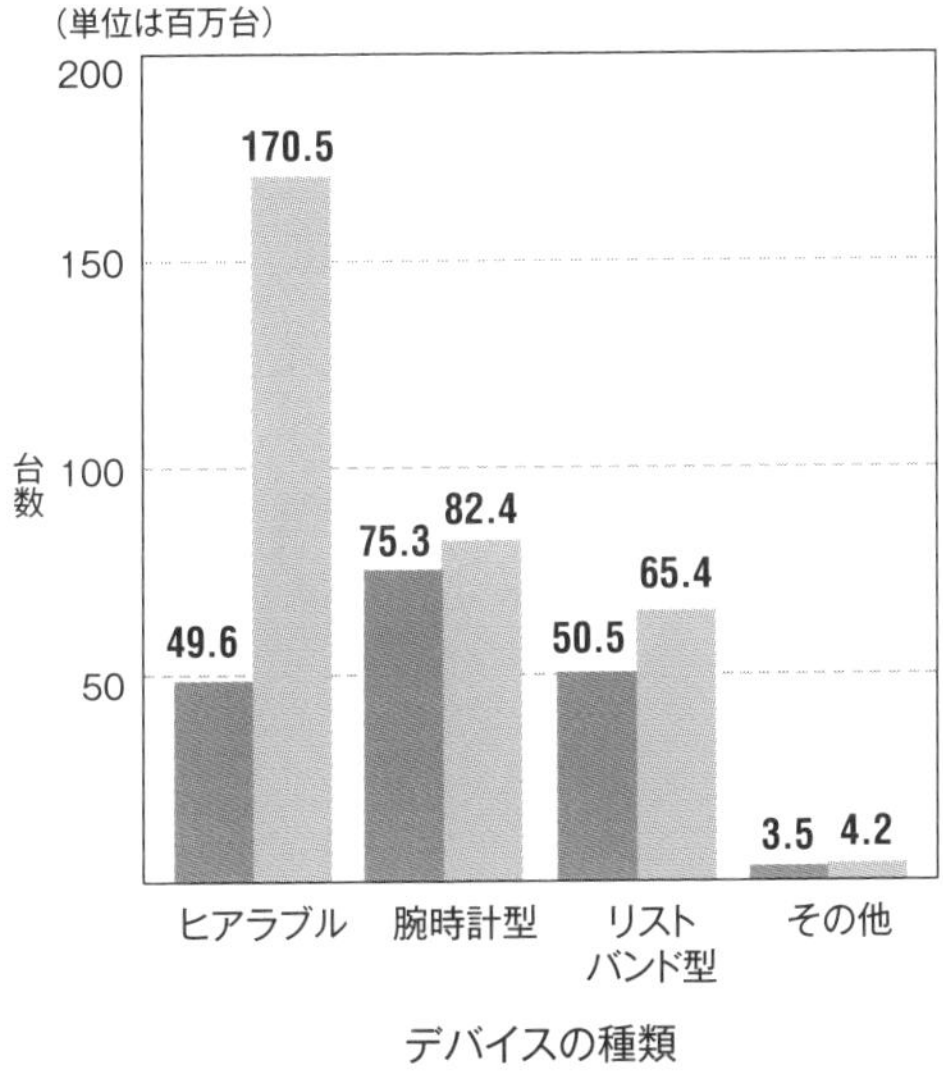

市場に占める機器の割合

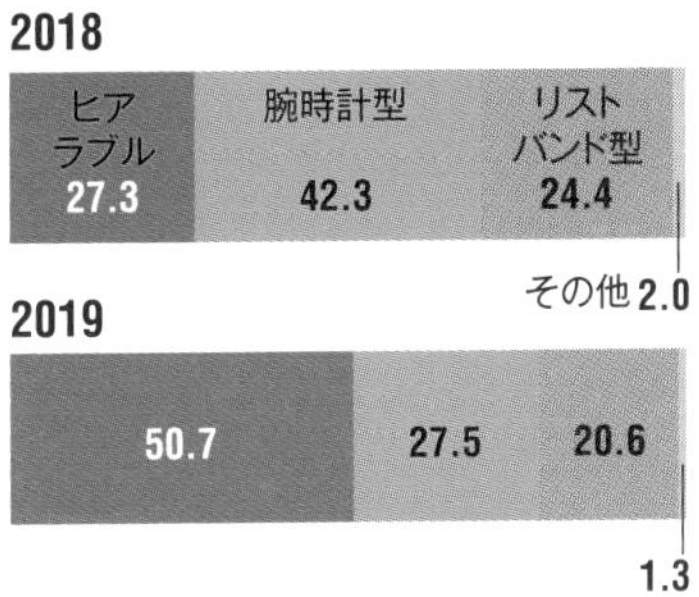

(IDC Japanの資料をもとに作成)

5 ウェアラブルに関わる産業

あらゆるビジネス、サービスを巻き込んで巨大産業に成長する

ウェアラブル開発は、GAFAMなどの米大手コンピュータ企業が先導し、BATHなどのアジア勢が追随しています。コンピュータ系企業は、クラウドやエッジ、OS、インタフェースから端末までの基盤技術を担います。ソフトウェアベンダでは、膨大なコンテンツ、ソフトウェア需要が見込まれています。通信系に関しては、AR／VRを5Gのキラーアプリケーションの一つとして位置づけています。5Gの特徴である高速、低遅延、多人数の同時利用は、多人数共有型のAR空間には必須の技術となります。

家電系はウェアラブル端末と家電との連携で関わりがあります。パソコン機器だけでなく、美容やヘルスケア関連製品のウェアラブル化も重要な方向性です。カメラ系企業は、HMDやウェアラブルカメラの要素技術を持っています。特に、HMDでは光学技術が要となるため、より広視野角で見やすいHMDの実現に向けた技術とノウハウが不可欠です。

その他のメーカーも広く関連しています。電子部品系はウェアラブル専用チップや生体センサチップ、ウェアラブル向けディスプレイモジュールを開発しています。材料系は化学材料や金属材料を扱う企業がこの分野をにらんでいます。導電性ゴムや繊維、生体適合材料、超薄型やフレキシブルなバッテリー・基板なども注目されています。自動車産業も運転中の生体センシングや自動運転中のスマートグラス利用などで関連性があります。アパレル系では、衣服の延長として見すえています。66項で解説するIoBも新しい衣服の方向性の一つと捉えられます。スポーツ系企業もウォッチやタグだけでなく、スポーツウェアや帽子やリストバンド、シューズなどのIoT化を図ろうとしています。

利用者側としては実世界のあらゆるビジネス、サービスが含まれます。7章で詳しく説明しますが、ありとあらゆる業種で、将来のウェアラブルデバイスでのサービス利用を想定できます。

要点BOX

- ●IT、製造業からサービス業まで多岐にわたる
- ●IoTとともにデジタルトランスフォーメーションを巻き起こす

ウェアラブルに関係する産業

6 ウェアラブルへの期待

人々の仕事と暮らしを根底から変えるポテンシャル

ウェアラブルは近い将来人々の暮らしを根底から変えるポテンシャルを持つものです。かつて腕時計の登場によって人々の生活は分刻みでスケジュールされ、携帯電話によって待ち合わせの概念が変わりました。

ウェアラブルはツールです。それを生活の中で使用する方法については、これから多くの発明がなされるはずです。ＩＴ、ＡＩを用いて人々のくらしを便利・快適、安全・安心、豊かで楽しいものにしてくれるというのが大きな方向性です。具体的にはどのような変化が訪れるのでしょうか? いくつかの可能と思われる将来像を描いてみましょう。

まず、ＨＭＤを皆が常時装着している状況を想像してみましょう。テレビやパソコンがなくても、人々の視野の中には常にいろいろな情報が見えています。街角で配信されている情報をＨＭＤで受信し、それによってＡＲ空間が見えるようになるのです。ＡＲはコンピュータの標準プラットホームとなるでしょう。

ウェアラブルゲーム機はさまざまな世代に浸透するでしょう。それを活かして、子供たちは外で元気に鬼ごっこ、大人はゴルフやテニス、散歩をするようになります。

ウェアラブルセンシングの巨大市場が急速に立ち上がり、人々は様々な部位に装着するセンサを手放せなくなります。

冷暖房服が爆発的に普及し、人々は宇宙服のような服を好んで着るようになるかもしれません。冷暖房効果だけでなく、花粉やＰＭ２・５、ウイルスなどの除去もしてくれるでしょう。部屋の冷暖房は消滅するかもしれません。

ウェアラブルが普及してしばらくたつとスマホがなくなり、ウェアラブルデバイスだけになるという予想もあります。その先にはＡＲ空間がネット空間を撲滅し、人々は失われた身体と実世界を取り戻す世界が来るかもしれません。そうすれば人々は、豊かで楽しい暮らしを手に入れるでしょう。

要点BOX

- ●便利・快適、安全・安心、豊かで楽しい暮らし
- ●近い将来、ウェアラブルはスマホに代わる基盤システムとして機能するようになる

ウェアラブルが変える未来の生活

Column

ウェアラブルが見せる将来のビジョン

人々の仕事や暮らしは将来どのように変化していくのでしょうか？　本書で述べる「ウェアラブル」が、これらの変化の中でどのような役割を果たしていくのかについて述べながら考えていきます。

まず、これから数年の大きな変化を表すキーワードは「アフターコロナ」でしょう。新型コロナウイルス感染症（COVID-19）によるコロナ禍において、人々の仕事や暮らしはリモート、巣ごもり、ネット空間という3つのキーワードで表すことができます。

「リモート」としては、会議や会合、授業、面接などが遠隔で行われるようになりました。これが思った以上に「使える」ということで、コロナリスクがなくなった後でも後戻りできない変化として広く利用されていくでしょう。

次に「巣ごもり」ですが、これは2000年代に入ってから急速に広がった「引きこもり」と近いイメージです。しかし、ネガティブな言葉としてではなく当たり前の生活様式として、人々の暮らしの基調となっていくことが考えられます。

三番目の「ネット空間」は「巣ごもり」とセットになりますが、ネットコンテンツの利用やオンラインショップなどに代表されるネットサービスの利用を示します。ネットコンテンツがより身近になり、宅配サービスがいっそう広まることで、産業構造の変化が現れます。逆にライブエンターテインメントや観光などの実世界ビジネスが、ネットコンテンツおよびインターネットとリアルのハイブリッド形態へ変化することになります。

コロナ禍以前から、10年程度の近い将来を変えるキーテクノロジーはAI、ロボット、ゲノム編集といわれていました。AR、VRやサイボーグ、脳科学なども急速な進展が期待されます。自動運転や宇宙開発が急速に進み、その一部が我々の生活に入り込んでくるものと考えられます。これらの変化のうちサイボーグへの進展については8章コラムでも述べています。

ウェアラブルテクノロジーがこれらのすべてと直接的な関係性を持つことを想像してみてください。アフターコロナの世界で、人々が常時ウェアラブルデバイスを装着し、これらの新しいテクノロジーを享受することが可能になります。ウェアラブルを介してテクノロジーを活用する、豊かで楽しい仕事と暮らしを創造していくことが人類の新しいステップとなるでしょう。

第2章 ウェアラブルでできること

7 運動や睡眠の時間を管理

常時身体に装着するデバイスで日常生活をモニタリング

2008年ごろから、アクティビティトラッカー（活動量計）機能を持った専用の腕時計型デバイス（リストバンド型活動量計）が多数販売され、2010年代初頭にかけて市場を拡大しました。当初はJawbone UP（米）という、表示部がない細型の機種がメジャーだったのですが、その後Fitbit（米）がトップシェアを奪い、今日に至っています。最近はXaomiやHuaweiなどの中国勢が上位シェアを占めています。国内でもTDK Silmee、ドコモヘルスケアムーヴバンドなど、いくつかの企業が商品を出しています。多くの商品は内部に加速度センサが内蔵されており、出力波形を解析することで歩数や活動量を計測しています。心拍センサを内蔵するものもあります。

これらのデバイスは通常スマートフォンとBluetoothで接続され、毎日のデータはスマートフォンを経由し、クラウド上に管理される仕組みです。スマートフォンで毎日の記録を閲覧することは、活動のモチベーションにつながります。Apple Watchをはじめとするスマートウォッチでも、その機能の一部に活動量計機能を持つものが多くあります。

睡眠管理を行えるデバイスもあります。動きや心拍数から睡眠と覚醒の判別や睡眠時間と眠りのクオリティを計測しています。レム睡眠・ノンレム睡眠（深い睡眠、浅い睡眠）の判定をするものもあります。スマートフォンなどで睡眠の記録を確認し、規則正しい睡眠、質の高い睡眠を行えるよう管理できます。

活動や睡眠を記録するためには、一日中デバイスを装着している必要があり、どのように充電時間を確保するのかという問題があります。そのため装着状態での充電が望まれています。また、機器の故障や買い替え時のデータのコンパチビリティ、データ継続性の問題があります。これにはデータ形式の標準化に加え、マルチデバイスを同時に使えるようにする管理ツールが必要となります。

要点BOX
- ●2008年ごろに登場し、10年代に市場を拡大
- ●毎日記録して健康管理に活用できる
- ●充電の方法やデータの互換性、継続性に課題

あらゆる活動を記録

デバイスを身に着けている間、継続的にデータを取得する。
データを確認することが、良い活動、良い睡眠につながる。

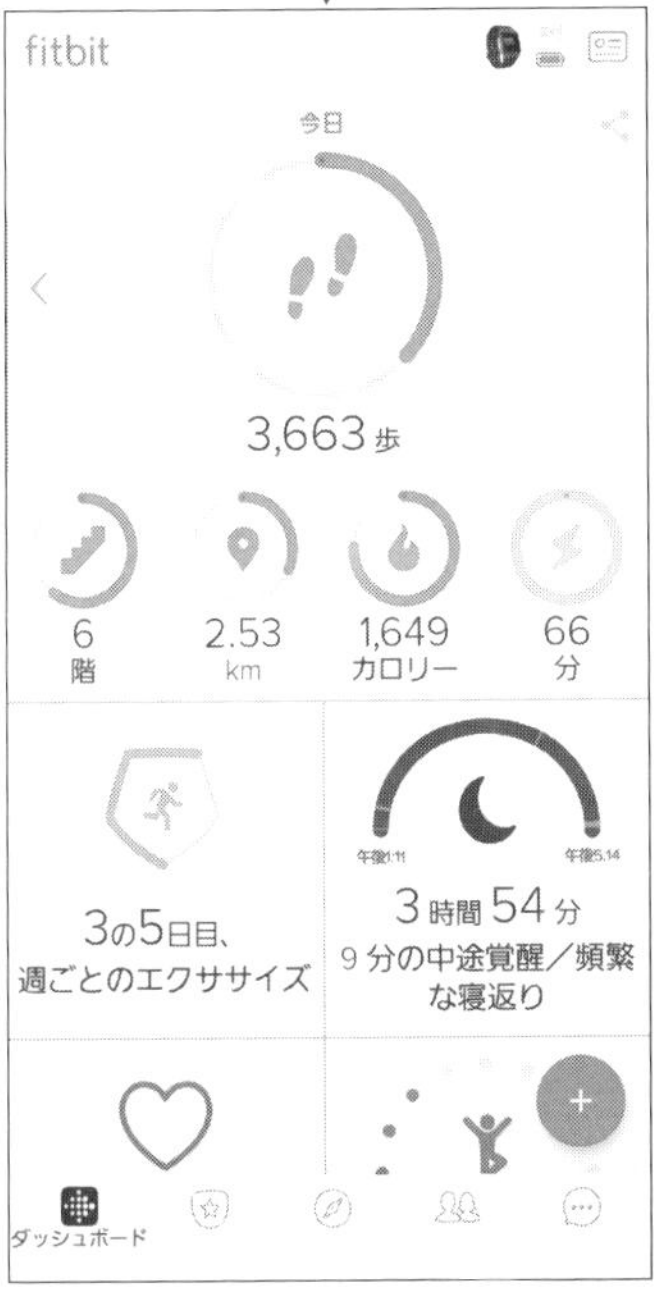

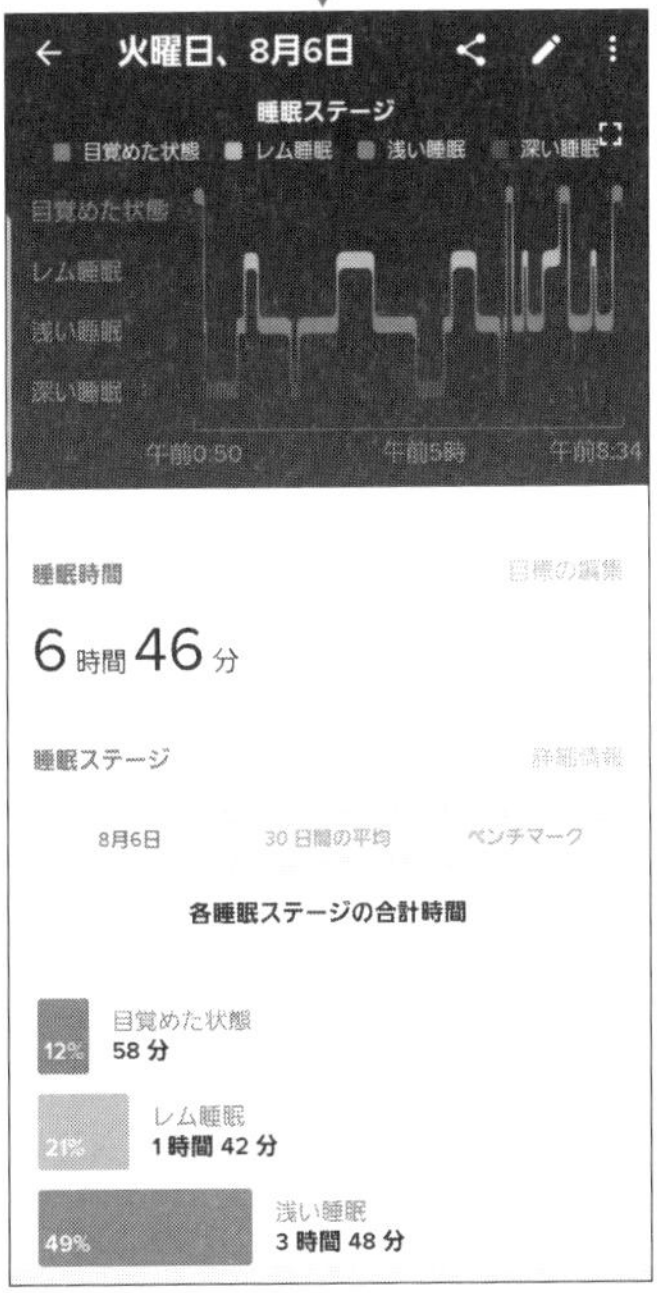

（Fitbit）

8 感情をトラッキングする

カメラやセンサを用いて感情がわかる

近年、人の感情が、コンピュータによって正確に推定されるようになってきました。喜び、悲しみ、怒り、驚き、嫌悪、恐怖などの感情をそれぞれ何段階かの度数で表すのが典型的です。自分や他人の感情が人間以上の精度で計測でき、それを知ることができるようになると、生活や社会はどのように変わるのでしょうか。

ウェアラブルカメラの画像を分析することで、目の前の人の感情が常にわかるようになります。また、特殊なカメラで自分自身の画像を撮影して、ユーザ自身の感情を記録することも有用です。顔の筋肉の動きを検出する場合もあります。特に目じりや口元は笑いや怒りの表情をとらえやすいので、貼り付け型デバイスなどが開発されています。顔の皮膚温度を利用する場合もあります。特に鼻部皮膚温度はユーザのストレスを表すということが知られています。

ストレスの計測には呼吸を用いることもあります。一般的にゆっくり呼吸していれば落ち着いており、早く呼吸していれば緊張しています。呼吸間隔は口付近で計測するだけでなく、胸回り・腹回りの周径変化でも知ることができます。脈波から低周波成分としても呼吸周期を抽出できます。

脈波からは、別の感情を知ることもできます。脈波のパルス間隔(R-R間隔)のゆらぎを調べれば、交感神経、副交感神経の優位性がわかります。ゆらぎの低周波成分が高いときは副交感神経優位、高周波成分が高いときは交感神経優位です。交感神経が優位なのは集中しているときやイライラしているとき、副交感神経が優位なのはリラックスしているときやぼんやりしているときです。脈波はウェアラブルセンサから取得できますし、カメラ映像からも(肌が映っていれば)取得できます。

もっとも正確に感情を知るには、脳波を計測することが有効です。しかし、脳波は非常に微弱な信号であるため、実世界活動ではノイズが多く乗ってしまうという問題があり、技術的な課題の一つです。

要点BOX

- 自分や他人の感情を高精度に知ることができる
- 画像分析、筋肉の動き、脈波などの計測を行う
- 脳波の計測はノイズの除去がカギになる

表情センサの画面例

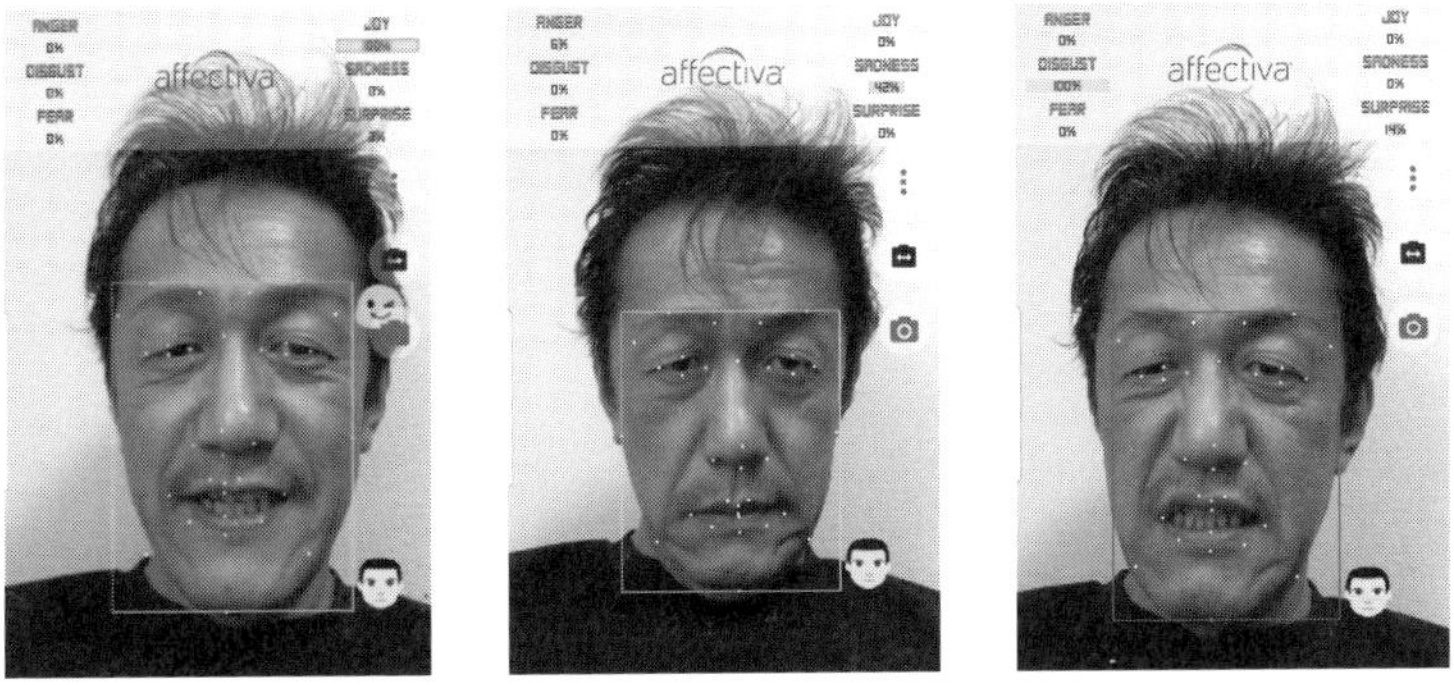

マサチューセッツ工科大学メディアラボから独立したAffectivaが開発した感情認識AIスマートフォンアプリ「Affdex(アフデックス)」の画面例。顔の表情を認識して感情を読み取り、怒り(anger)、嫌悪(disgust)、怖れ(fear)、喜び(joy)、悲しみ(sroness)、驚き(surprise)をそれぞれ数値化してリアルタイムで表示する。

脈波による計測

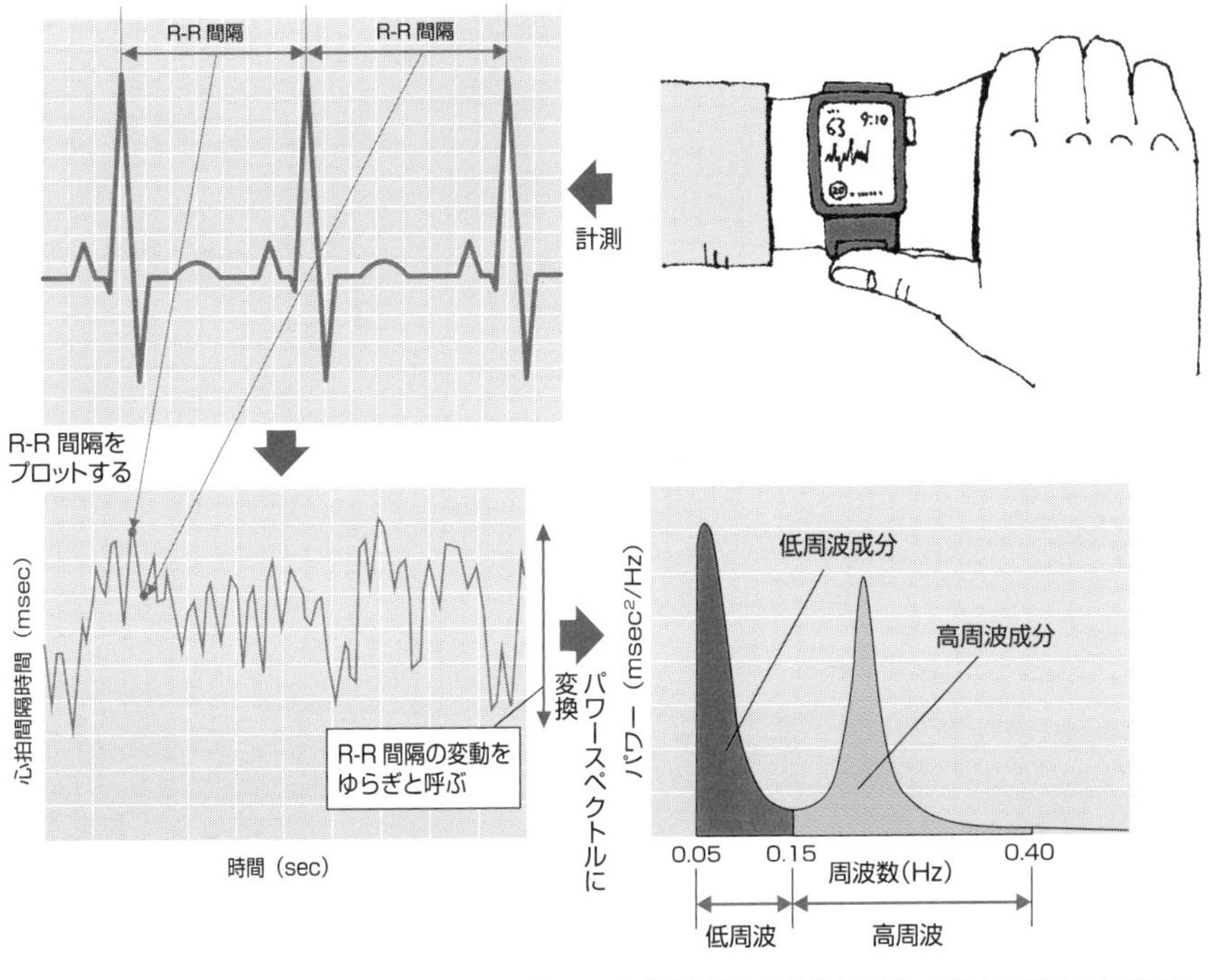

心電図から交感神経・副交感神経のどちらが優位か判定する。左上は心電図の模式図で、ピーク部分の間隔をR-R間隔と呼ぶ。左下はR-R間隔を時系列にそって表した。R-R間隔は一定ではなく、ゆらいでいる。そのパワースペクトル密度を表したものが右下。0.15Hzから0.40Hzの面積をHF、0.05Hzから0.15Hzの面積をLFとよび、LF／HFが大きいときには交感神経優位(ストレス状態)、小さいときには副交感神経優位(リラックス状態)と知られている。

9 情報をリアルタイムに通知する

メッセージの着信や予定時刻を知らせる

多くのスマートウォッチは、Bluetoothでスマートフォンと連携する機能を持ちます。主な用途は、LINE、messengerなどの着信情報をウォッチに通知するものです。Facebookで自分に関連する投稿があったり、メールが届いたり、電話着信があったりしたときなどにも通知が行われます。ゲームの通知もあります。これらはApple WatchでもWear OS by Googleでも基本機能として実現されています。

便利な反面、スマートウォッチに送信者名や文面の一部が表示されると、周りの人に見られてしまうという問題があります。これを回避するため、通知時は振動だけで画面表示は行われず、手を掲げて自分で画面を見たときにだけ表示される仕組みが使われる場合が多いようです。

このような通知機能はスマートグラスでも利用できる場合があります。スマートウォッチと違って周りの人からは見られない場合が多く、しかもスマートウォッチのようなワンアクションも必要ない場合が多いので、場合によっては便利です。しかし、テロップ表示される場合は先に表示されたメッセージを見逃してしまいやすいという問題があります。

通知機能としては、ウェアラブルならではの重要な使い方もあります。近くのショップ情報、交通情報、周りの人の情報などを表示する機能です。これらは、スマートグラスと組み合わせて実世界に重畳表示されると非常に便利なので、将来のスマートグラスの本命機能ともいわれています。この機能は注釈（アノテーション）とも呼ばれています。スマートグラスで実世界に重畳してAR提示する情報としては、目の前の人の名前、物体認識、動物や花の名前、地物（ランドマークなど）などが考えられます。それをどのような仕組みで汎用的に実現するのかについては、今後さらに進展があるでしょう。広告の通知は実世界でのビジネスと密接に関連するため、今後ますます拡大するものと考えられます。

要点BOX

- ●いつでも通知を受け、すぐに気がつける
- ●情報を周りの人に見られないための工夫が必要
- ●実世界に情報を重畳表示する使い方が重要

スマートウォッチでの通知例

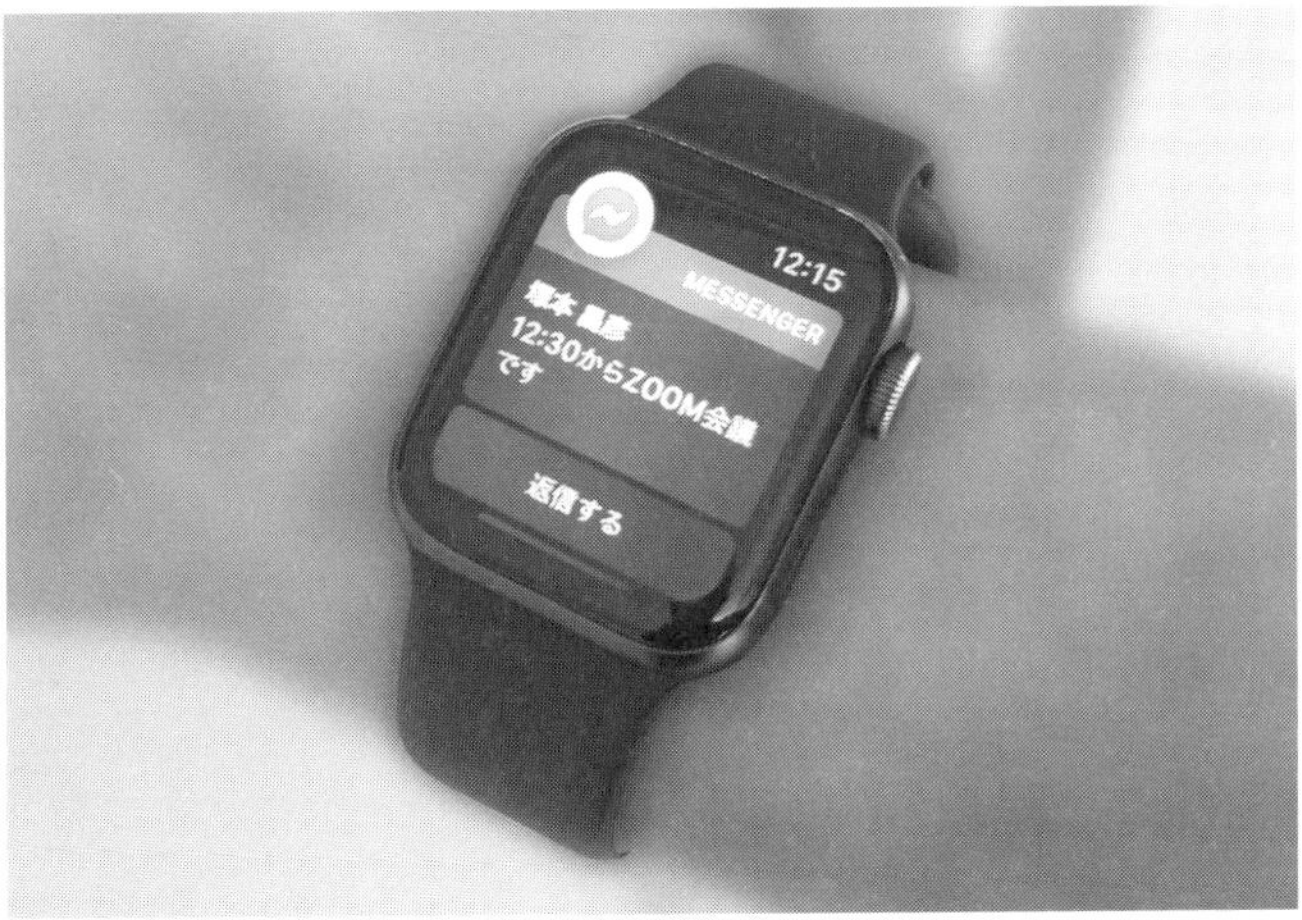

情報をARで重畳表示

10 コミュニケーションの新しい形を作る

実世界活動の中での遠隔コミュニケーション

他者とのコミュニケーションは、電話、電信・電報、無線通話、ポケベルなどから始まり、インターネットや携帯電話の浸透にともなってここ30年で大きく変化しました。短いメッセージを生活の合間に交換し合う形態はショートメッセージングと呼ばれ、携帯電話やスマートフォンの登場以前からあります。

すでに一部の人は、スマートフォンや携帯電話を手で持たずにイヤホンマイク（インカム）を使って通話をしています。これはまさにウェアラブルの形態ですが、昔からあるのでウェアラブルとは呼ばれていません。これにウェアラブルカメラとHMDを用いて映像情報が加わるとウェアラブルらしくなります。実世界で活動するユーザーが両デバイスを装着し、家にいる友達とコミュニケーションを取ることを考えましょう。生のカメラ映像を見せながら会話ができ、旅行などの楽しみを共有することが可能です。業務の支援をする場面や、視覚に障碍がある人の活動を遠隔から支援する場合にも有効に活用できます。

ウェアラブルデバイスユーザー同士でも生のカメラ映像を見せあいながら会話ができます。ウェアラブルデバイスでは（特殊なカメラを用いないと）相手の顔は見えません。お互いに相手の見ている景色が見えることになるのです。これは、新しいコミュニケーションスタイルとなります。

ウェアラブルは遠隔だけでなく、対面でのコミュニケーションで使用することも想定されています。食事をしながら関連情報を検索したり、映像をいっしょに見ながら会話をしたりするなどが初歩的な使い方です。61項で述べる、AR環境でのコミュニケーションもこれに当たります。8項で述べた感情センシングを用いた、感情により色が変わるLED衣装や、脳波を測定して感情に応じて動くネコミミなどは、他人に対して自分の感情を表現するものです。これもまた新しいコミュニケーションスタイルと言えます。

要点BOX

- ショートメッセージングの方法は大きく変化した
- ウェアラブルカメラとHMDで幅が広がる
- 新たなコミュニケーションの形態が生まれる

コミュニケーション形態の変化

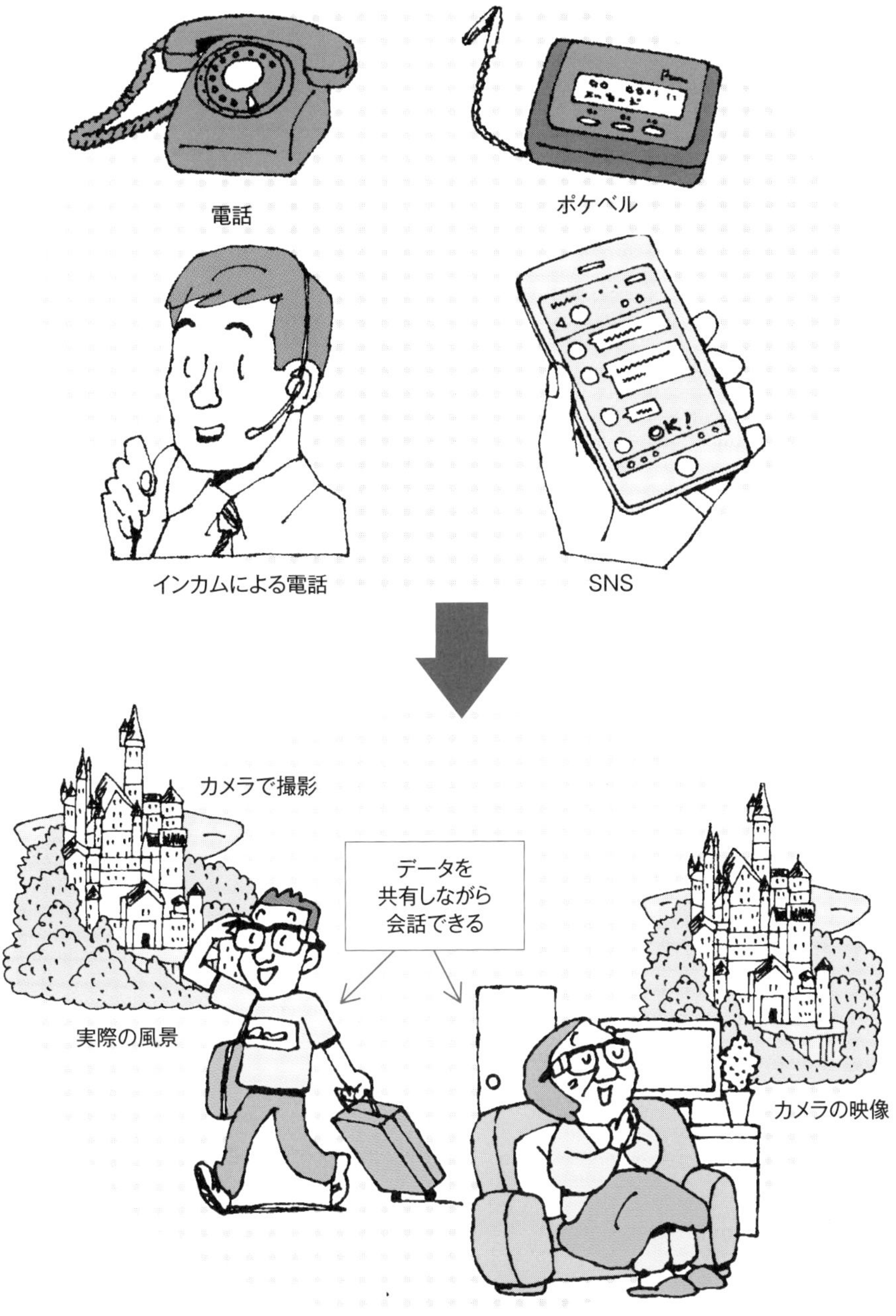

11 現場での作業を支援する

マニュアル提示や遠隔支援で現場業務サポート

ウェアラブルデバイス、特にHMDやウェアラブルカメラの産業利用で、現在最も普及が進んでいる応用分野は作業支援です。現場の作業には知識やノウハウが必要で、これまで新人はそれらを習得するのに何年もかかっていました。

保守点検、工場での製造作業、建築・建設現場などで、作業員はウェアラブルカメラとHMDを装着します。カメラは作業員の視界を映し、遠隔地にも音声とともにリアルタイムに送信されます。デスクにいる専門家はそれをモニターで見ながら、音声と図面を使って作業員に指示を出します。図面は作業員のHMDに映されます。このようにして、現場に不慣れな人が作業する場合や、より高度な知識が必要となる場合でも効率的に作業が進められます。その結果、経験の浅い人でも、熟練した作業者と同じように現場作業がこなせるようになります。

遠隔作業支援を行うシステムプラットフォームは多数開発されており、さまざまな現場で使われつつあります。システムとしては映像や音声における通信の遅延をなるべく減らすことが重要となります。HMDの限られたリソースで、HMDのバッテリー消耗をできるだけ抑えながらそれを実現するところが各社の技術です。

システムの本質は10項で述べたコミュニケーションです。作業支援用としては、単なる映像と音声の相互接続に加え、指示を出す側が映像に書き込みを行って、作業者に具体的な指示を出すことをサポートするツールも充実しています。

ピックアップ作業の支援もよく実験的に導入がされています。製造現場で、部品倉庫から部品を持ってきたり、流通の倉庫や集配所で商品をピックアップしてカートに入れたりする場合、HMD上にどの棚からどの商品を取り出せばいいのかを指示し、取り出したものの記録が取れます。迅速かつ確実な作業の支援と作業履歴を残すうえで有用です。

要点BOX

- ●作業支援用途での使用で普及が進んでいる
- ●リアルタイムでの指示出しで作業効率が上がる
- ●製造作業やピックアップ作業での利用が多い

製造作業の作業支援

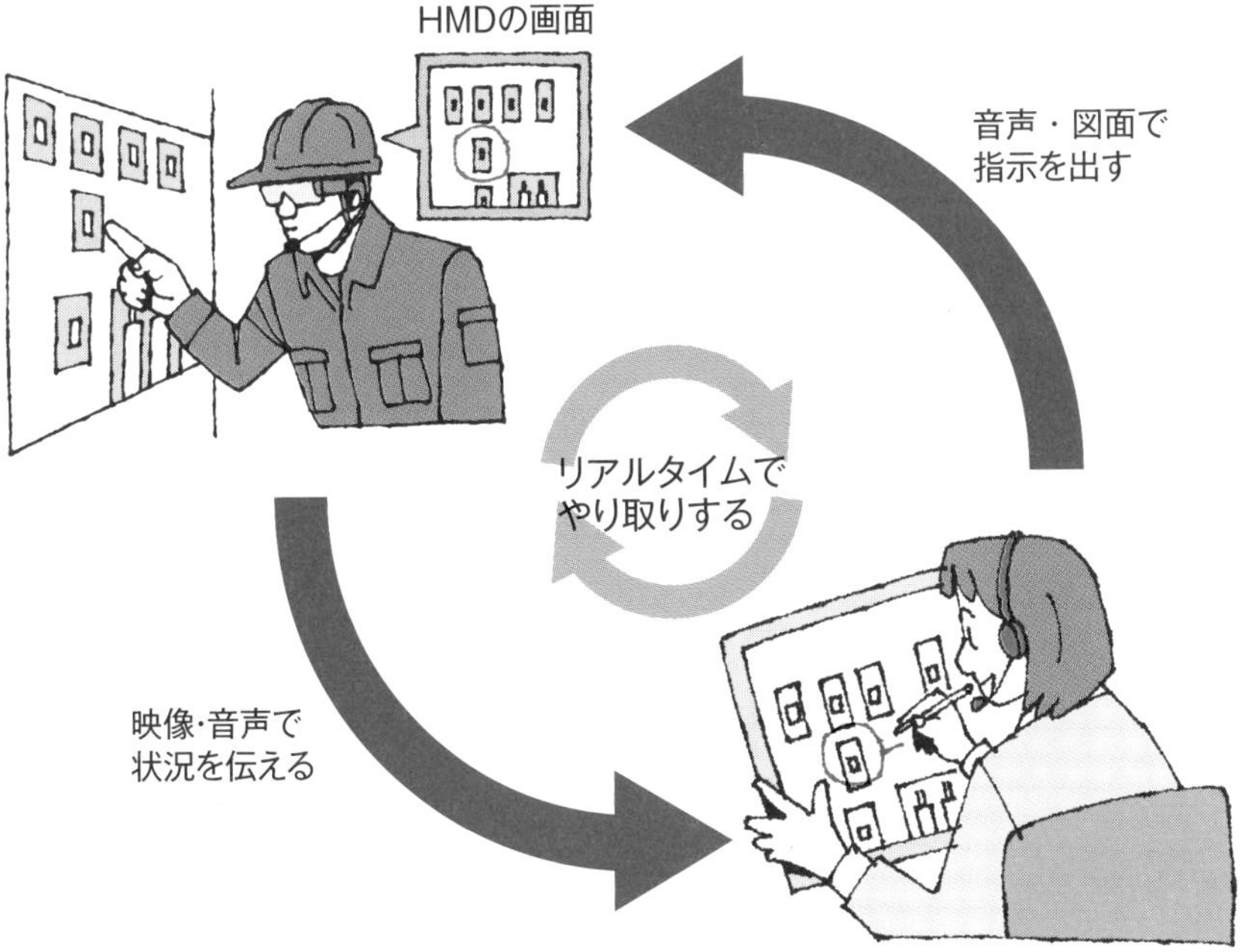

ピックアップ作業の作業支援

12 業務を管理する

業務中の行動、状態を記録して業務を効率化

業務プロセス管理（BMP：Business Process Management）とは、業務プロセスを改善して効率よく業務を行うことを指します。結果として企業の競争力を高めることに寄与します。近年、ウェアラブルデバイスを用いて業務プロセス管理が行われるようになってきました。

よく使われるのはロケーショントラッカーです。ロケーショントラッカーは人や物の場所をセンシングするデバイスです。工場内や作業現場で人や物に取り付け、人や物の移動をデータとして記録します。それを解析して動きの無駄を見つけ、物の置き場所や人の居場所を変更して効率化します。このような、移動データの記録と解析を総称して動線管理と言います。棚の位置を1mずらしただけで業務効率が大幅にアップしたり、場合によっては部屋全体のレイアウトを変更したりします。

もう一つの使い方はワークフロー管理です。会議の時間が長かったというような、業務プロセスの律速段階（ボトルネック）がどこかを見出し、プロセスの並列性を挙げるために、従業員の行動ログが有用です。

安全管理においてもウェアラブルデバイスは有用です。作業現場において、心拍や体温、気温や湿度、発汗量、呼吸などをモニタリングすることで、熱中症などの体調不良を事前に予防できます。有毒ガスやCO_2などのガスセンサは特定の作業現場ではすでに使われていますが、ウェアラブルを使用すればより広い場所で危険を察知できます。ウェアラブルカメラを用いて周辺の様子をモニタリングし、人工知能（AI）などを用いることで稼働中の機械と衝突するといった危険を事前に察知できるかもしれません。

脈波や視線の動きなどを計測、記録することで従業員の集中力を管理できます。集中力が下がってきたら休憩を促すなど、業務効率を高めるうえで有効な業務管理が行えます。業務記録は事故やトラブル発生時の法的な証拠としても活用できそうです。

要点BOX

- ●人や物の場所をセンシングする
- ●業務プロセスの律速段階を明らかにする
- ●作業者の体調をモニタリングし安全管理に利用

動線管理による業務の効率化

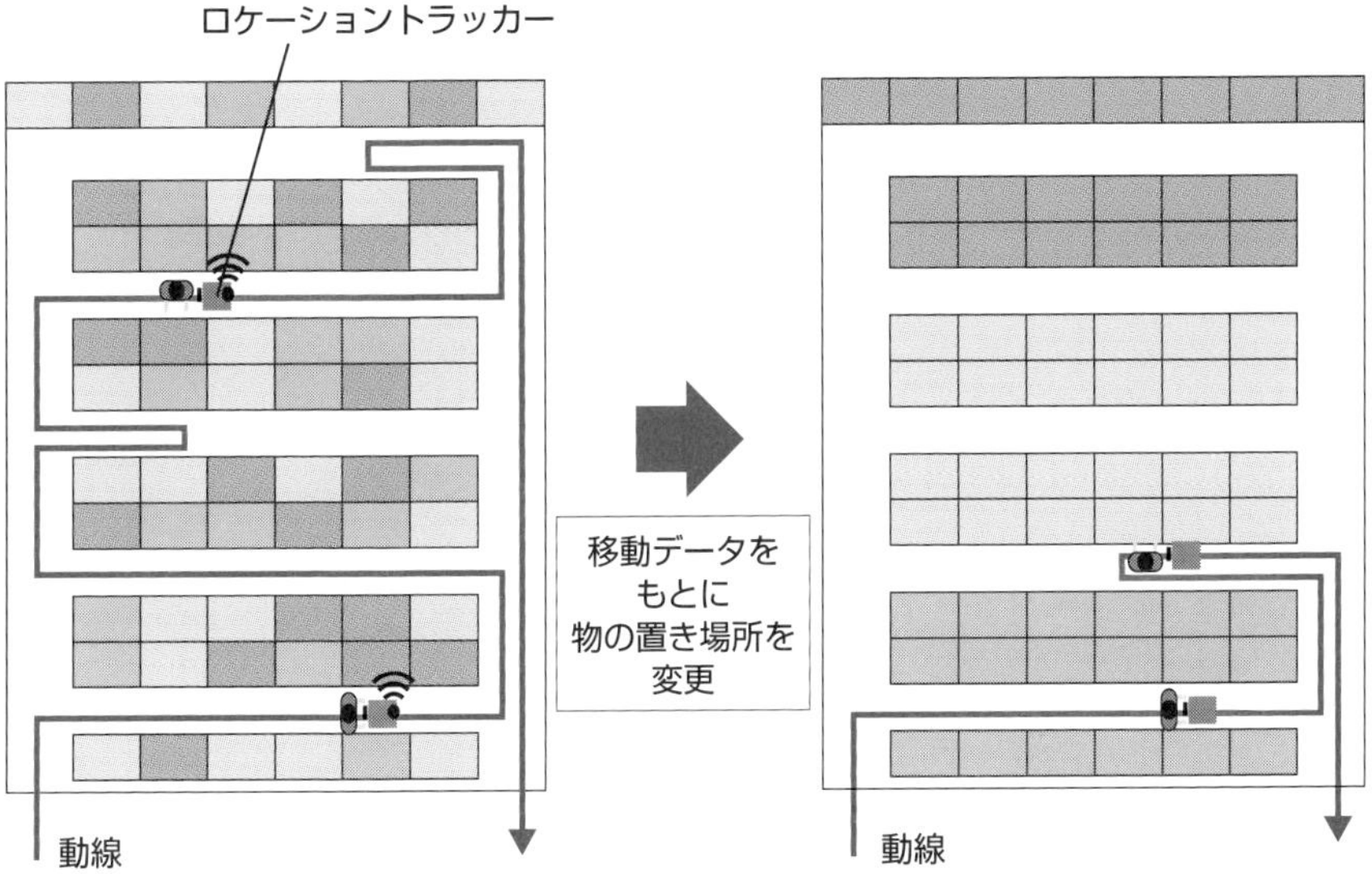

ウェアラブルで安全管理

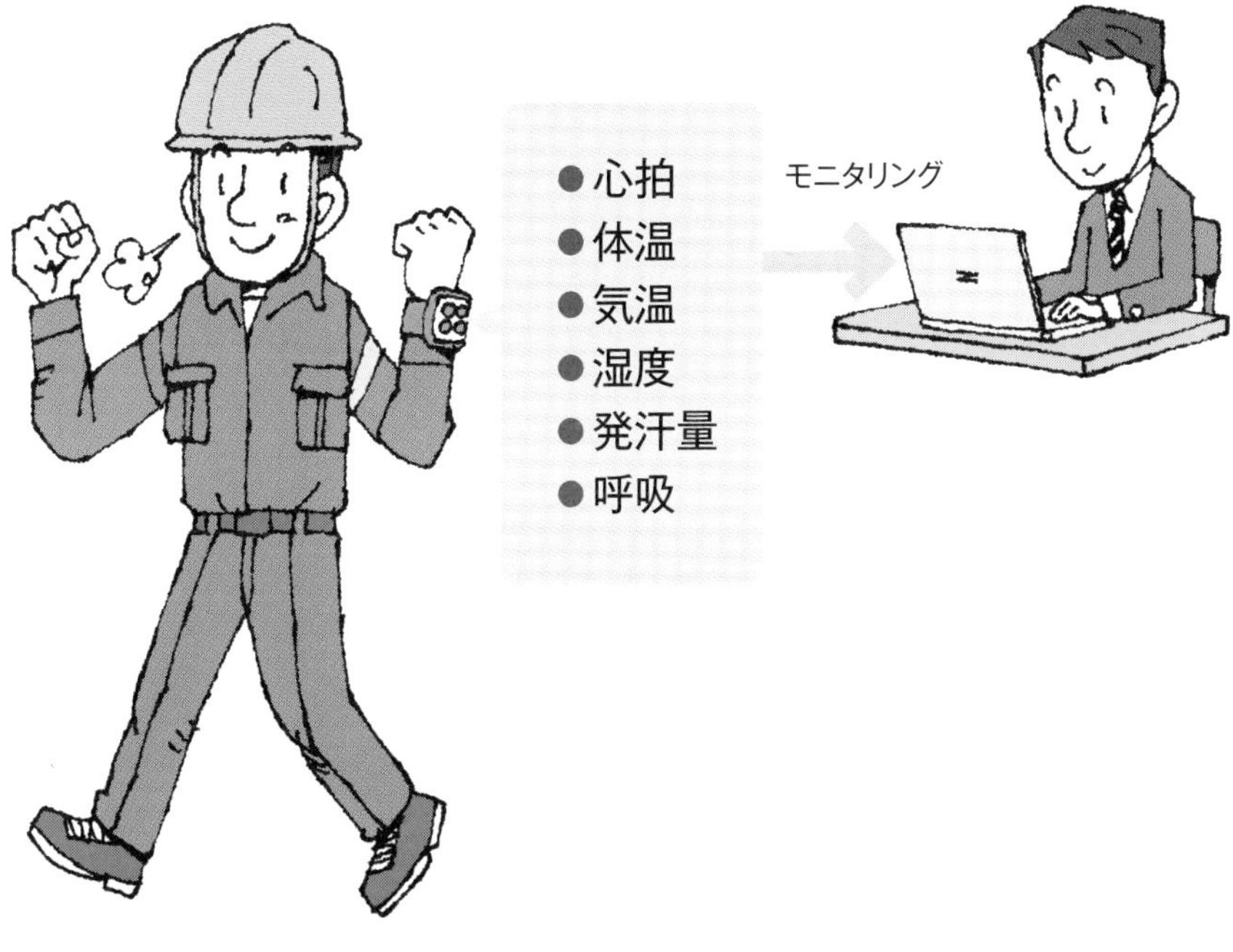

13 ファッションとして新しい魅せ方を演出する

新たなファッションを作り出す可能性

ウェアラブル関連のイベントや学会では、1990年代からウェアラブルファッションショーがよく行われています。ウェアラブルデバイスは体に装着するものなので、ファッションの一部でもあるのです。典型例は電飾ファッションで、LEDのアクセサリからLEDが仕込まれた帽子、靴、ジャケットなどが良く使われます。初期は単に光るだけのものも多かったのですが、その後センサに連動して「コンピューティング」を見せるものが増えています。センサには動きを検出する加速度センサや、感情を検出する心拍センサ、脳波センサがあります。

LED以外にも、小型のディスプレイを埋め込んだ服やアクセサリ、フレキシブルなディスプレイ（eインクディスプレイ）やeインク製電子ペーパーを埋め込んだ服や靴などもよく見られます。動く柄を表示したり、スマートフォンと連動して情報通知を行ったり、広告宣伝を行ったりします。モーターや電気可動素材で動きを表現するものもあります。感情で耳の動きを演出する「ネコミミ」が一時期爆発的にヒットしたほか、服の一部が動くものがショーなどで用いられました。

HMDは非常に目立つデバイスなので、目的に合わせてHMDを服とコーディネートするファッションショーも行われています。HMDもファッション性が重要であると多くの関係者が認識しています。ハードウェア技術の進化により、逆に普通のメガネに見えるHMDも現れています。「目立たない」ファッションも重要です。

ウォークマンやiPod、スマートフォンファッションアイテムとして、カラフルでスタイリッシュに変化したのは周知のとおりです。ウェアラブルデバイスでは、最近はスマートウォッチがファッショナブルになっています。本体の素材や色だけでなく、ベルト、フェイス画面などもバリエーションが増えています。ウェアラブルデバイスはファッションを変えるポテンシャルを秘めていると同時に、日常生活の中に溶け込むデバイスとして、ファッション性がますます重要になっていくでしょう。

要点BOX

- ●ウェアラブルは重要なファッションアイテム
- ●電飾服や電飾アクセサリ、動く服などファッションを変えるポテンシャルは大きい

ウェアラブルファッションショー

ファッション性を重視したデバイス

（DNP大日本印刷）

フレキシブルなeインク製電子ペーパーを活用したコスチュームの試作開発品。

Column

ウェアラブルのアプリケーション

　ウェアラブルコンピューティングのアプリケーションは、それが稼働する場所によって「デバイス内アプリケーション」「ボディエリア内アプリケーション」「エッジおよびクラウドアプリケーション」の3つに分類されます。

　デバイス内アプリケーションは、周囲のセンシングやユーザへの通知を行うものです。ボディエリア内アプリケーションは、装着したウェアラブルデバイス間にまたがって稼働するアプリケーションのことです。例えば、足先でセンシングしたデータをスマートグラスで見られるようにする仕組みのことを指します。利用するためには、ボディエリア内での通信手段を用意することが必要です。エッジおよびクラウドアプリケーションは、ウェアラブルコンピュータが据え置き型コンピュータを介してクラウドに接続するような場合に、据え置き型コンピュータやクラウド上のコンピュータで稼働するアプリケーションです。デバイス内アプリケーションの稼働方法、通信方法などによって、応答速度やバッテリの稼働時間が変わります。

　実際のアプリケーションの機能としては、「情報提示」「生体センシング」「カメラ利用」などがあります。情報提示は視覚、聴覚、触覚などを介した情報提示を指します。生体センシングは体の各部に装着したウェアラブルセンサを用いたセンシングのことです。カメラ利用は体のどこかに装着したウェアラブルカメラによって撮影をすることです。ユーザの活動をどのようなデバイスを用いてサポートするのかによって、これらの機能を組み合わせて用いられることになります。

　アプリケーションの使われ方を分類すると、大きく業務用と民生用（日常生活用）に分けられます。業務用としては、工場などでの作業支援、コミュニケーション、カメラやセンサ情報のモニタリング、健康管理、デザイン支援での利用などが挙げられます。民生用としては、情報通知、情報提示、健康管理、コミュニケーション、ライフロギング、スポーツ・エンターテインメントでの利用などが挙げられます。人々の実世界における様々な活動に合わせて、様々なアプリケーションが幅広く利用されるようになっていくでしょう。

第3章

さまざまな形のウェアラブル

14 眼鏡型デバイス

ウェアラブルの本命デバイス

　人間の入力情報の80%以上が視覚情報と言われています。さらに、残りの入力情報の大半を聴覚情報が占めています。そして、嗅覚、味覚を合わせると、耳、鼻、口という重要な感覚器のほとんどすべてが眼鏡型デバイスの近辺に存在しています。さらには、横方、後方映像や遠方の音声、赤外線映像など、人間が感知できない情報までもを入力として捉えることができます。眼鏡周辺で得られる出力情報としては、音声、視線、頭の動き、顔の表情、呼吸、顔の皮膚温度、脳波などがあります。すなわち、眼鏡型デバイスは、その人の行動に影響を及ぼしうる要素を捉えるうえで非常に有用と言えます。

　眼鏡型デバイスの典型例はディスプレイで、HMD（Head Mounted Display）といいます。小型のディスプレイをメガネの中に仕込んだもので、目の近くのディスプレイが問題なく見えるようにするメカニズムは少し複雑です。人間が活動している最中にいろいろな情報を得たり、映像を見たりできるように、視覚情報を補うものとして非常に有用です。実世界に重ねてディスプレイ映像が見えるようにしたものをAR（Augmented Reality）と呼び、実世界をビジュアルに拡張するものと言えます。例えば、実際には存在しないオブジェなどを表示させることができます。

　CPUやメモリなどがメガネの中に入っている場合はスマートグラスと呼ばれます。機能としては、眼鏡のモダン（耳掛け）にスピーカーを内蔵し、骨伝導などのメカニズムを使ってユーザに音が聞こえるようにするものもあります。マイクをモダンやテンプル（つるの部分）に仕込めば、イヤホンマイクの代わりになります。パッド（鼻あて）やテンプルに筋電センサや動きセンサなどを入れて、ユーザの生体情報を取得することもできます。リムやヒンジにユーザの目を映すカメラなどを仕込めば、アイトラッキングができます。加速度・角速度センサを入れればヘッドトラッキング（頭の動きを取ること）ができます。

要点BOX

- ●人間の視覚情報を制御する眼鏡型デバイスはウェアラブルデバイスの本命
- ●眼鏡型デバイスの典型例がHMD

メガネ型デバイス

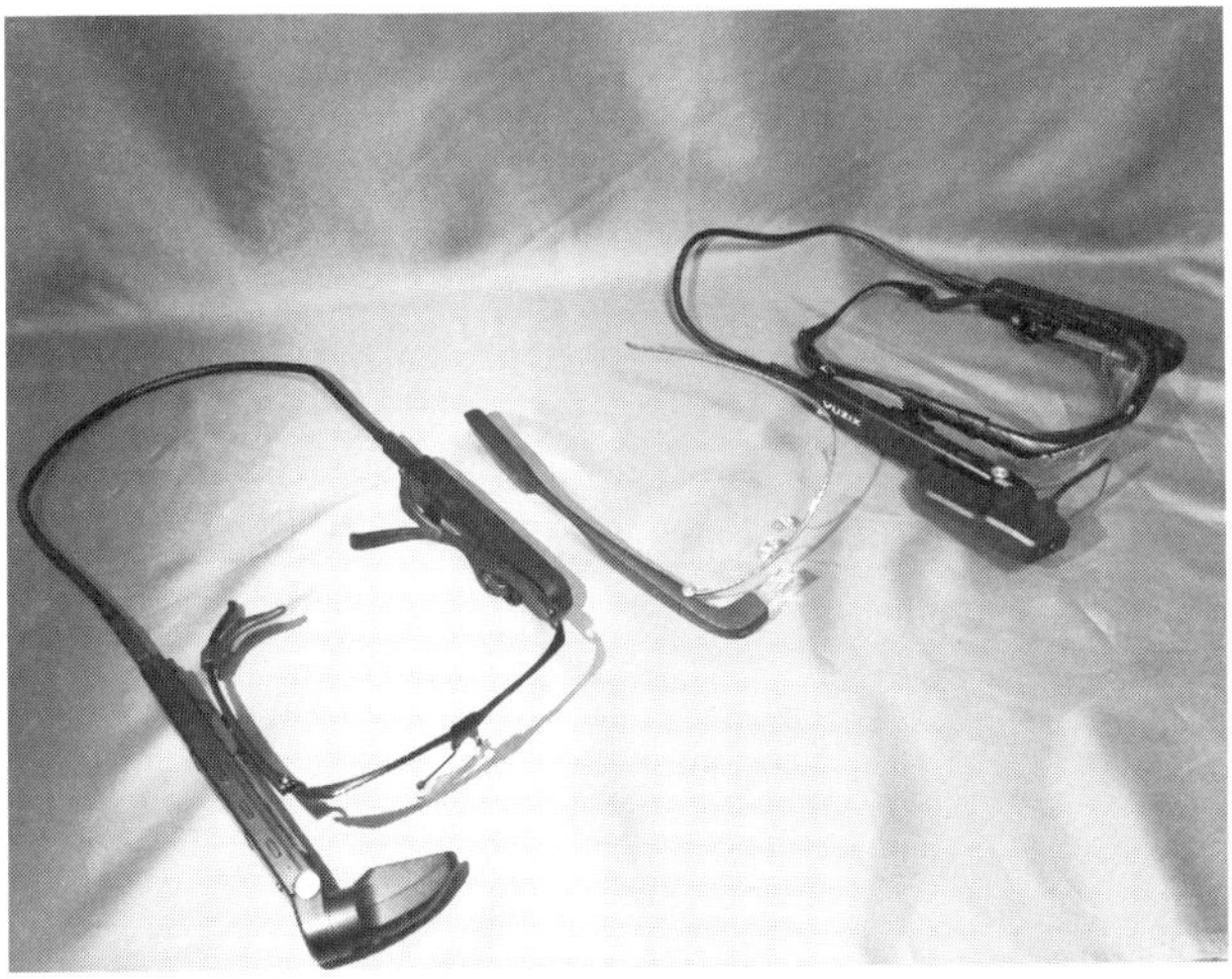

左からVUZIX、m-400、Google Glass Enterprise Edition2、VUZIX m-4000

スマートグラスの機能を仕込む位置

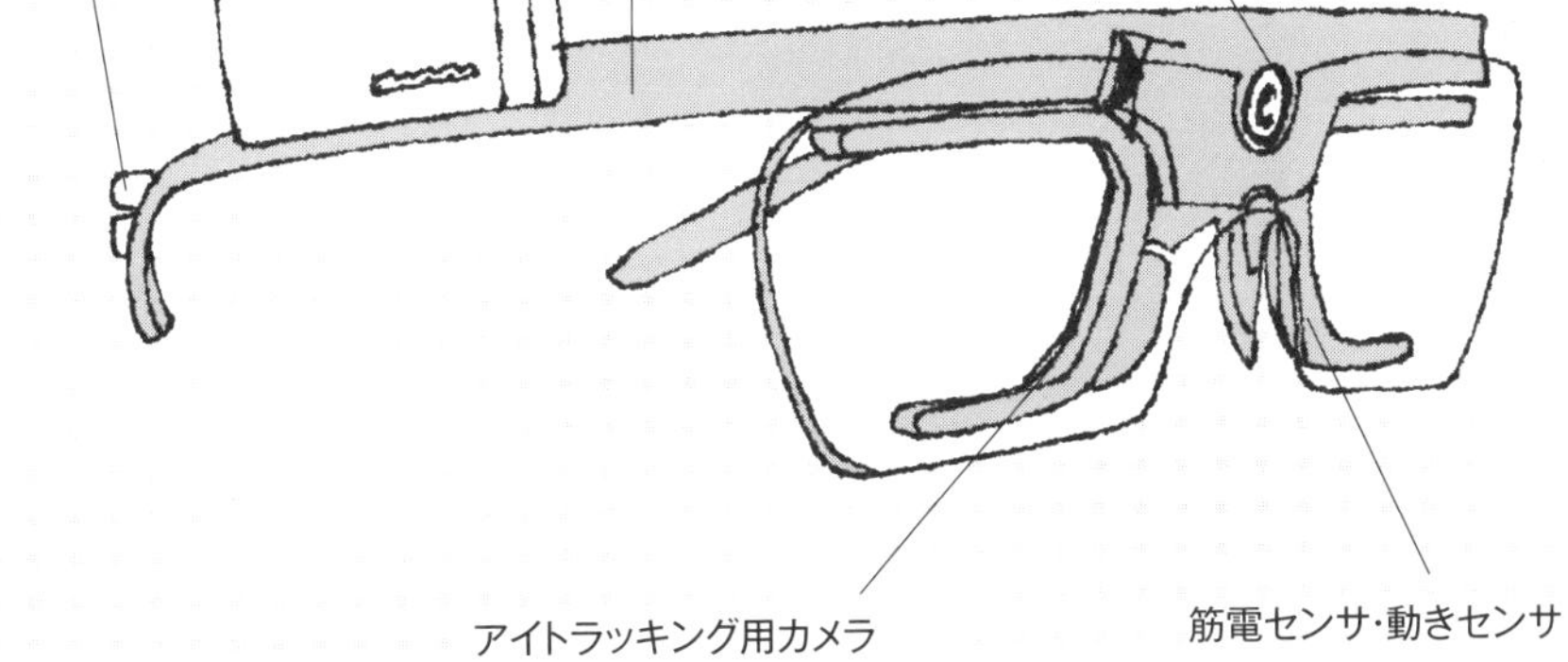

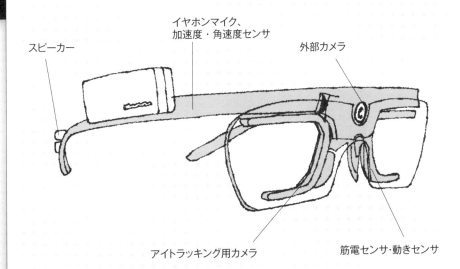

15 腕時計型デバイス

いち早く立ち上がったウェアラブルデバイス

紀元前から使われてきた時計が16世紀初頭に懐中時計となり、その後19世紀初頭に腕時計となりました。腕時計によっていつどこでも時間が確認できるようになったとともに、人々がより細かく時間を管理するようになりました。ウェアラブルが生活を根底から変えるポテンシャルの一端を示しています。

IDCによれば、2019年の世界の出荷台数は、腕時計型は9243万台、リストバンド型は6935万台で、ともに前年と比べ20%以上増加しています。国内では腕時計型135・1万台、リストバンド型32・6万台で、世界と比べるとかなり少ない印象です。小型のコンピュータを身につけやすい場所に常時装着し、脈拍や動きなどユーザの生体状態を常時モニタリングできます。一方で、表示を見るためワンアクションが必要である点でウェアラブルデバイスとしては眼鏡型に一歩劣ります。

腕時計型とリストバンド型は、表示部の有無やバンドの太さで区別されることがありますが、徐々にあいまいになってきています。機能面では、アプリケーションが追加できるスマートタイプと固定のベーシックタイプとして区別されることもあります。リストバンド型は機能を活動量計に特化したものが多く、アクティビティトラッカーとも呼ばれます。

腕時計型の代表はAppleの販売するApple Watchです。スケジュール管理、コミュニケーションツールとしての利用のほか健康・スポーツ分野のアプリケーションがよく使われています。心電図機能（ECG）による心臓異常発見や転倒救助要請で命が救われた事例も多数報告されています。

リストバンド型の代表はFitbit（米）の製品です。2019年にGoogleによる買収が発表されたのち、反トラスト法にかかわる承認に時間がかかり、2020年末の時点でまだ承認が持ち越されています。Xiaomi（中）やHuawei（中）が腕時計型、リストバンド型ともに急伸しており、今後の競争激化とさらなる成長が見込まれます。

要点BOX
- ●ワンアクションで必要な情報を見ることができる
- ●ウェアラブル市場のほとんどを占めるデバイス
- ●脈拍や体温、手の動きを一日中センシング可能

様々な腕時計型デバイス

左からFitbit Versa 2、Apple Watch Series 5、Xiaomi Miband 4

腕時計型デバイスのシェア

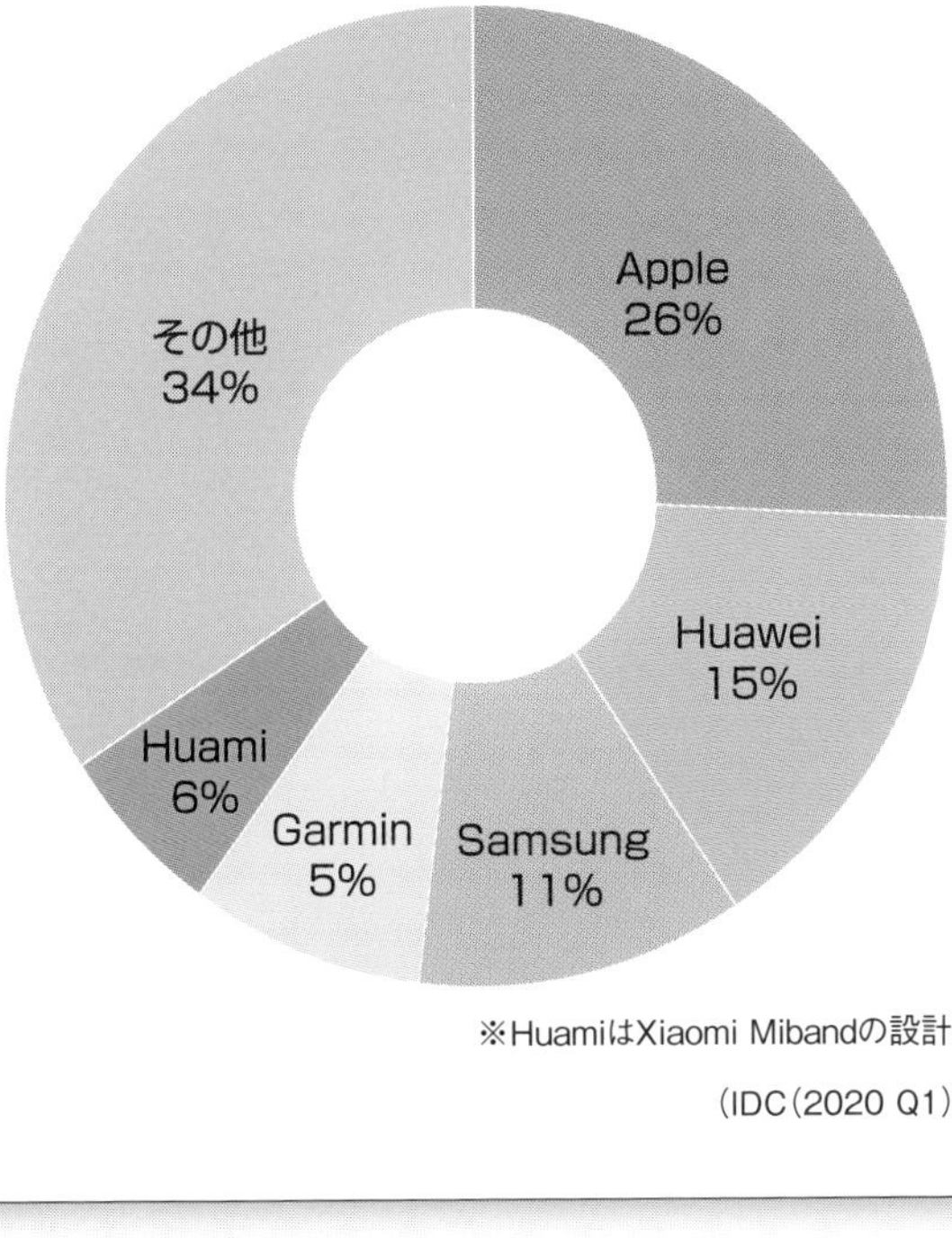

※HuamiはXiaomi Mibandの設計・製造を行っている

（IDC（2020 Q1）の調査を元に作成）

16 ヒアラブル

ワイヤレスイヤホンが高機能化したもの

ヒアラブル（hearable）とは高性能なイヤホン型のウェアラブルデバイスのことで、2016年ごろからこう呼ばれるようになりました。AppleのAirPodsがけん引役で、左右が分離している、完全に無線型のイヤホンとなっています。このようなタイプのイヤホンは完全ワイヤレスイヤホン（True Wireless Earphone, TWS）と呼ばれています。2020年12月にはAppleのAirPods Maxで、外部の音の遮断や取り込みが自在にでき、装着時の状況に応じて適切にイコライゼーションを行う、「コンピューテーショナルオーディオ」と呼ぶ高度なリアルタイム音響生成技術が示されました。

しかし、単にイヤホン・マイク機能だけを持っているものはヒアラブルとは呼ばれません。なんらかのコンピュータ機能が付加されたものがヒアラブルです。

ヒアラブルには、スマートフォン側のアプリケーションと連携して、翻訳や通知などの機能を果たすものや、装着センサや活動量計などのセンサを内蔵するもの、マイクから取得した音声以外のノイズを軽減して（ノイズキャンセリング）イヤホンで再生するDSPチップを搭載したものなどがあります。最後のものは補聴器とほぼ同じ機能なのですが、一般の人を対象とした汎用商品として、補聴器機能が低価格で提供されるようになってきているとみなすこともできるでしょう。

ヒアラブルデバイスは聴覚拡張デバイスと言えます。聴覚機能は人間にとって視覚に次ぐ重要な入力機能です。特に音声はさまざまな情報を得るための手段ですから、ウェアラブルデバイスとしても腕時計型デバイス、眼鏡型デバイスに次ぐ第3の汎用カテゴリーとして重要とされています。実際、IDCの市場予測でも近い将来に急成長することが見込まれています。

最近は逆に、音質の良さ、長時間駆動、防水性など、イヤホンとしての基本性能を重視した商品が増えています。これらはむしろ普通のイヤホンであるため、ヒアラブルという言葉もあまり使われなくなってきています。

要点BOX

- ●センサやノイズキャンセリング機能を備える
- ●スマホと連携してユーザに音声で情報を伝える
- ●第3の汎用カテゴリーとして注目されている

ヒアラブル

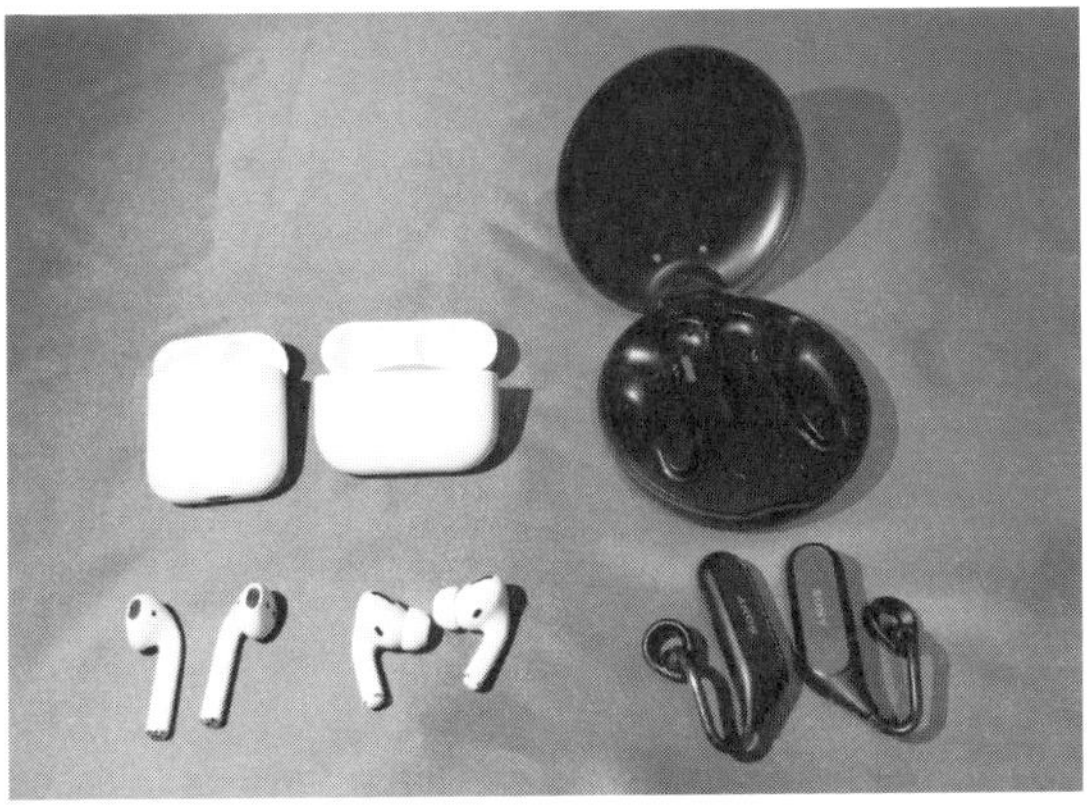

左からApple AirPods、Apple AirPods Pro、
Sony Xperia Ear Duo

ヒアラブルの代表的な機能

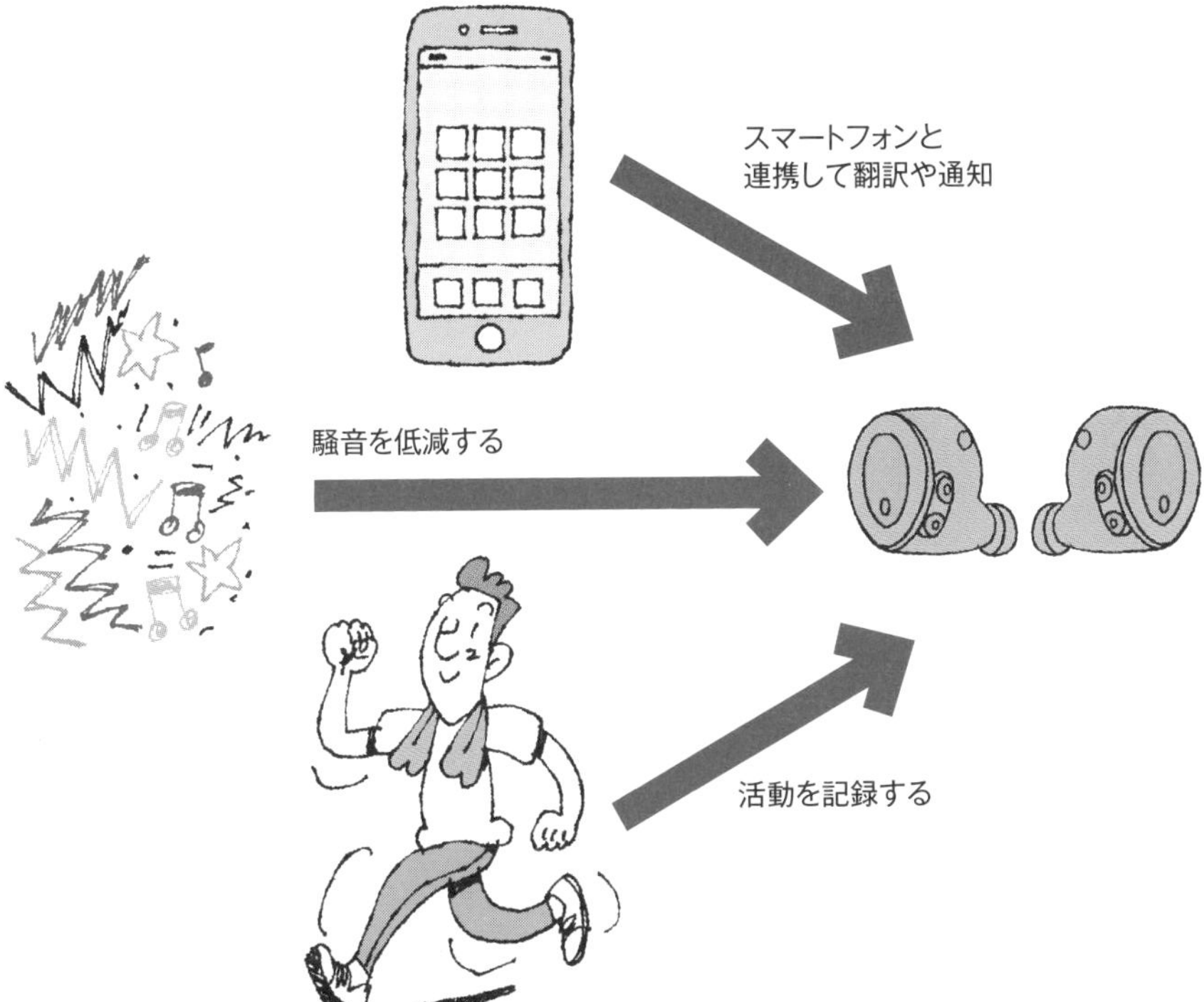

17 帽子型デバイス

頭部をセンシングして安全性・快適性をモニタリング

2015年ごろから、帽子にセンサやデバイスを装備したものがクラウドファンディングなどで多数販売されています。特に、複数商品が出ているのは加速度計を用いた脳衝撃検知デバイスで、一つの商品カテゴリになっているといえそうです。

この分野の先駆けであるReebokのCheckLightという商品は、格闘技やフットボールなどで頭に衝撃を受けたときに受けた衝撃をセンサで検知し、衝撃の程度や回数を帽子に付けたLEDの色で示すものです。トレーナーもしくは選手はこれを見て、危険を察知した場合はすぐにプレーを取りやめるか、様子を見ながらそのまま継続するかの判断の材料にできます。診断そのものは難しいかもしれませんが、客観的な判断材料として非常に有用です。

ほかにもクーラー付きの帽子をはじめ、センサやカメラ、LED、ディスプレイなどいろいろなものを取り付けた帽子が売られています。研究レベルでは温湿度センサをつけて帽子内の環境を常時モニタリングし、ファンなどを用いてそれを制御することで、毛髪および頭皮をケアするということも考えられています。

ただし、帽子型デバイスの場合は、屋外など身につけるシチュエーションが限られていることを考慮する必要がある点は重要です。一般的に、ジョギングやゴルフなどスポーツ用のものが有望です。近年、かぶる傘（帽子傘）にも注目が集まっていますので、それをIT化するアプローチが今後出てくるかもしません。

帽子型を少し広げて考えると、頭部に装着するデバイスはほかにも多数存在します。ウェアラブル分野の未来において最も重要な要素は脳センシングおよび脳刺激です。人間の思考を読み取り、思考を制御することは今後重要な方向性となりえます。これらについては、様々な商品が出てきていますが、実用性の面ではまだ改善の余地がある段階です。今後研究が進むにつれ、急激に増えていくことが考えられます。

要点BOX

- スポーツ用の振動検知帽が一つの商品カテゴリ
- 発汗や皮膚温度、脳波検出、脳刺激など頭部ウェアラブルの持つポテンシャルが高い

スポーツ用の衝撃検知デバイス

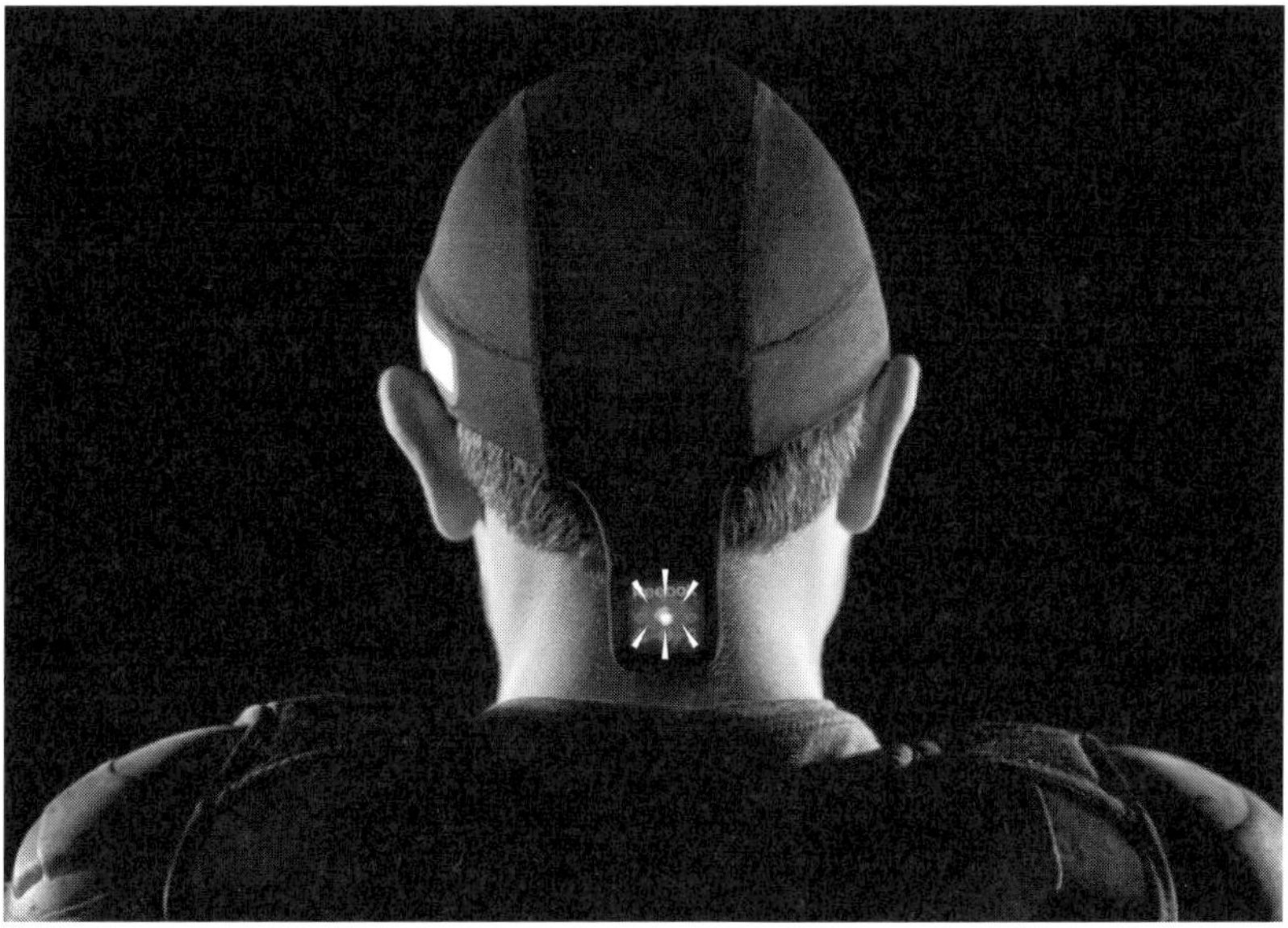

衝撃を検知するとランプが点灯して、周囲の人に知らせる。 (Reebok)

産業用の脳波検知デバイス

(SmartCap)

18 靴型デバイス

自由度が高く、さまざまな商品が登場

靴は固い形状である程度の大きさ・厚みがあり、歩くという動作以外では多少でっぱりや重さがあったとしても邪魔になりません。そのため、ウェアラブルデバイスの中でも、ある程度形状・重量の自由度が高いデバイスとして、さまざまな商品や試作品が出ています。靴下や中敷き（インソール）を含めて、最近はクラウドファンディングで多く登場しています。設計上、靴は衝撃や高温多湿・水没に、中敷きは高圧性、内部の衛生に注意する必要があります。

靴の中に仕込まれることが多いものとして、まずセンサがあります。加速度や圧力を測定して、ランニングやサイクリング、歩容の解析を行う商品が多数見られます。ケイデンス（一分間あたりのステップ数）、ストライド（歩幅）、接地時間、フットストライク（着地位置）、プロネーション（足首の回転）、足裏圧力分布などを測定し、運動解析やコーチングが行われます。3D再現やリアルタイムフィードバック、疲労部位の特定や怪我のリスク解析などの機能が提供されています。これにより、スポーツ、フィットネス、ヘルスケアの総合的なアプリケーションの構築が可能になります。また、GPS内蔵のものも多く出ており、運動解析や行動解析、移動経路解析（道案内、見守り）などの機能が提供されます。高齢者施設のスリッパでは徘徊などの見守りに有効です。足裏の体温を測定するものでは、糖尿病による足の潰瘍や、怪我、炎症などの早期発見や予防が可能になります。

靴からの出力を行うものもあります。モーターを使った締め具合の自動調整靴や足の冷え具合に合わせて発熱するインソールなどです。光る靴は、音楽に合わせて靴のソールに埋め込まれたLEDがきれいに光ります。Eインクディスプレイを張り付けたディスプレイ靴は、柄をダウンロードすれば表示できます。将来的には、においセンサと消臭・殺菌機能を備えた衛生靴も有望です。足のにおいや水虫などの病気は多くの人を悩ませており、電気的な機能でそれが解決できれば画期的でしょう。

要点BOX

- 靴だけでなく、靴下や中敷きの商品もある
- 靴内のセンサで運動解析やコーチングを行う
- 状況に合わせて光や熱を発するものもある

靴に仕込まれるセンサで測るもの

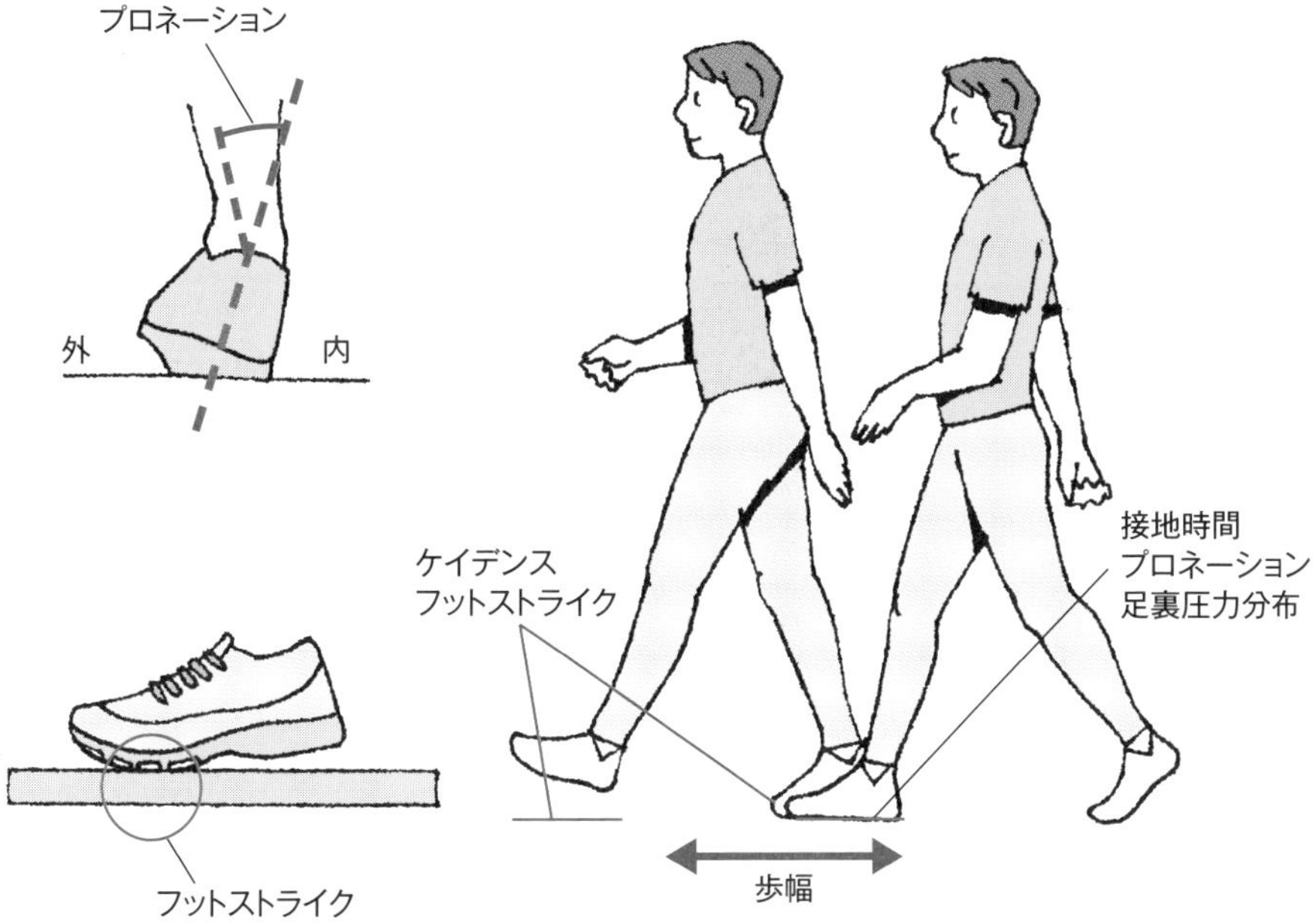

靴に仕込まれたセンサで運動解析やコーチングをコーチングを行う。

スマートシューズ

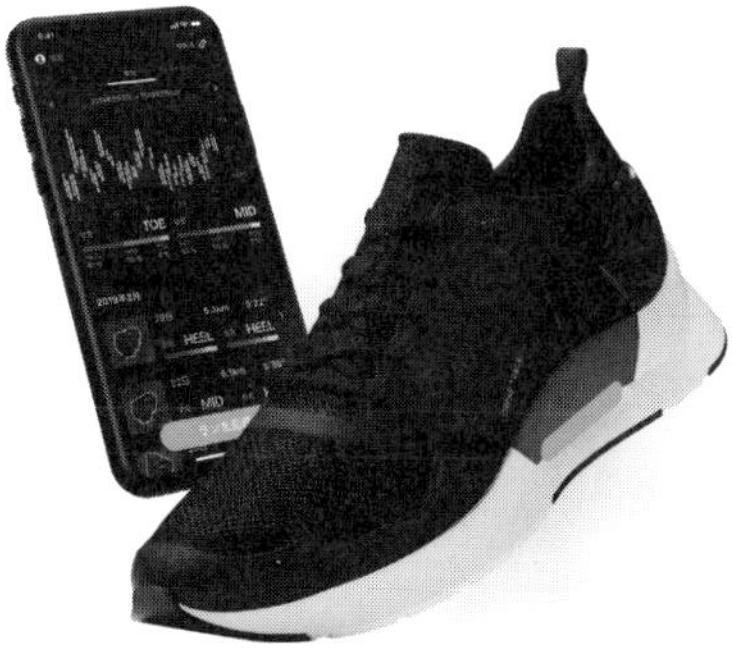

センサを内蔵して、走りを数値化し
分析する。

(no new folk studio / ORPHE TRACK)

スマートインソール

サイクリング用のインソールで、
走行を分析する。

(DIGITSOLE)

19 ウェア型デバイス

健康分野でも、エンターテインメント分野でも注目

服はシャツやコートなど多くのタイプがありますが、センサ服としては肌着やスポーツウェアがよく使われます。温湿度や心拍、心電、筋電、加速度などのセンサ本体は胸の真ん中や腕、腹、体幹などセンシングに有効な場所に取り付け、肌に密着した服でしっかりと固定することで、動きながらの測定を可能にします。バッテリーや通信部、コントローラーなどが大きくなる場合は、服の邪魔にならない場所に取り付けて服の中に配線します。配線は伸縮性のある導電性の糸や布、ゴムを用います。スポーツ用の生体センシングにより、フォーム解析、戦略立案、チームマネジメントなどに用いられます。

業務用として従業員の健康状態を見守る服も急成長中であり、ミツフジ・IBMが本格的なビジネスを展開しています。工場用のファン付きの服は古くからありますが、温度センサとペルチェ素子を用いたクーラーなど高機能なものが出てきています。熱中症予防や集中度管理による事故予防などに有効です。温熱機能を備えた服も増えており、スマートフォンと連携したものも出てきてます。

多数のLEDを取り付けた電飾服も、ライブエンターテインメントでよく使われています。ダンサーが電飾服を着て音楽に合わせて光のダンスを披露するパフォーマンスは、最近よく見られるようになってきました。無線通信を用いて同期をとる場合が多いようです。

介護用としても有効で、体温、血圧、脈拍などを常時測定するためのセンサとして使われます。腕時計型デバイスでは認知症患者が嫌がって外してしまいますが、服型なら外すことがないそうです。

今後は冷暖房服や衛生服が有望だと考えられます。冷暖房は服の内部で行うのが非常に効率的であるためです。宇宙服のような見た目になる可能性もあります。電飾服は日頃の生活の中でもっとカジュアルに使われるかもしれませんし、eインクディスプレイを全面的に用いた服が広まるかもしれません。

要点BOX

- ●センサを服で固定し、動きながらでも使用可能
- ●導電性の糸や布、ゴムが配線に使われる
- ●業務用、介護用、ファッションと使い道は幅広い

主なセンサの取り付け位置

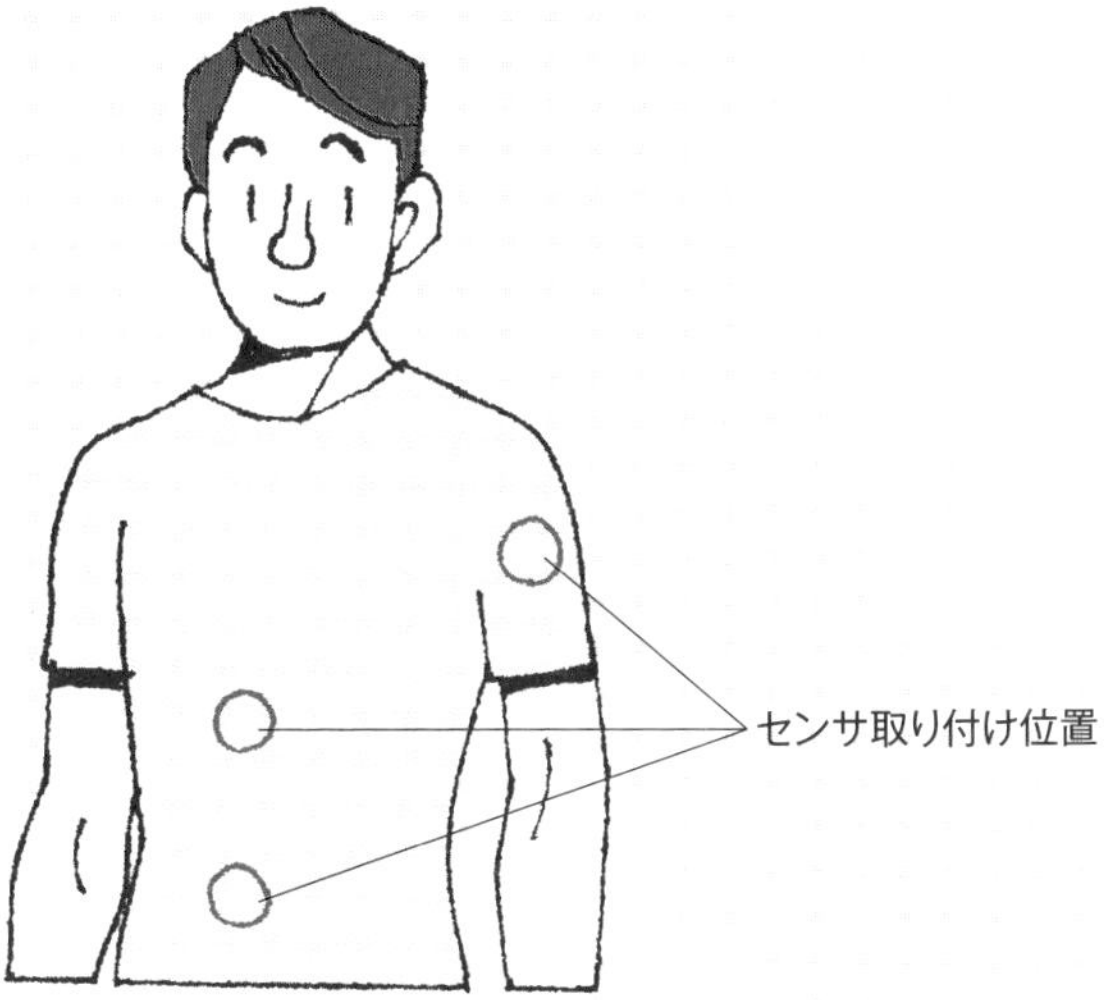

スマートウェア

左：介護用として、睡眠の分析や転倒時の通知などが可能。
右：運動中の生体情報や動きを計測する。
（Xenoma）

20 チェストベルト型デバイス

デバイスを固定して使用する

チェストベルトは胸に巻き付けるベルトで、昔からいくつかの目的で使われています。まずはカメラ固定用、次に心拍計固定用、最後にリュックサックの固定用です。

胸は体の中心にあるので、胸部にカメラを固定することで、ユーザの正面にあるものをハンズフリーで安定した撮影ができます。頭部に固定する場合より低い位置で撮影できるので、低い位置のものを映したり、臨場感のあるアクションを撮影したりするのに向いています。スキー・スノーボード、マウンテンバイク、水泳・サーフィン、シュノーケル、ダイビング、グライダーなどのスポーツシーンや、子供やペットの遊ぶ姿などの撮影に向いています。食事のロギングにも適しているかもしれませんが、食べているところを撮影するならば頭部に固定するほうが望ましいでしょう。

心拍数や心電図は、デバイスを胸の中心に固定すれば高い精度で記録することができます。特に激しい運動時の精度が、腕時計型デバイスなどよりも高いとされており、スポーツやトレーニング時に利用するのに向いています。スポーツ用の腕時計型デバイスやスマートフォンと組み合わせて使うものとして、2010年ごろから多くの商品が出されています。

リュックサックの固定用チェストベルト自体は、通常ウェアラブルデバイスとは呼びませんが、デバイスを仕込む余地は十分にあるものといえます。コンピュータ本体やバッテリー、GPSなどのセンサを収納するのにもよいでしょうし、自撮り棒やロボットアーム、ライトなどを固定することも可能でしょう。女性が丸一日ブラジャーを装着していることを考えると、チェストベルトにはウェアラブルデバイスとしてまだ大きなポテンシャルがあるのかもしれません。超音波エコーなどで体内をモニタリングできれば、肺、食道、心臓などの臓器の異変が早期に発見できるかもしれません。一方で、腕時計やメガネと比べると、肩がこるなど装着による一定の負担があるものと考えられます。

要点BOX

- ●カメラや心拍計、リュックサックを固定する
- ●カメラを固定して、通常とは異なる撮影が可能
- ●様々なデバイスを組み合わせ、多目的に使用

チェストベルト

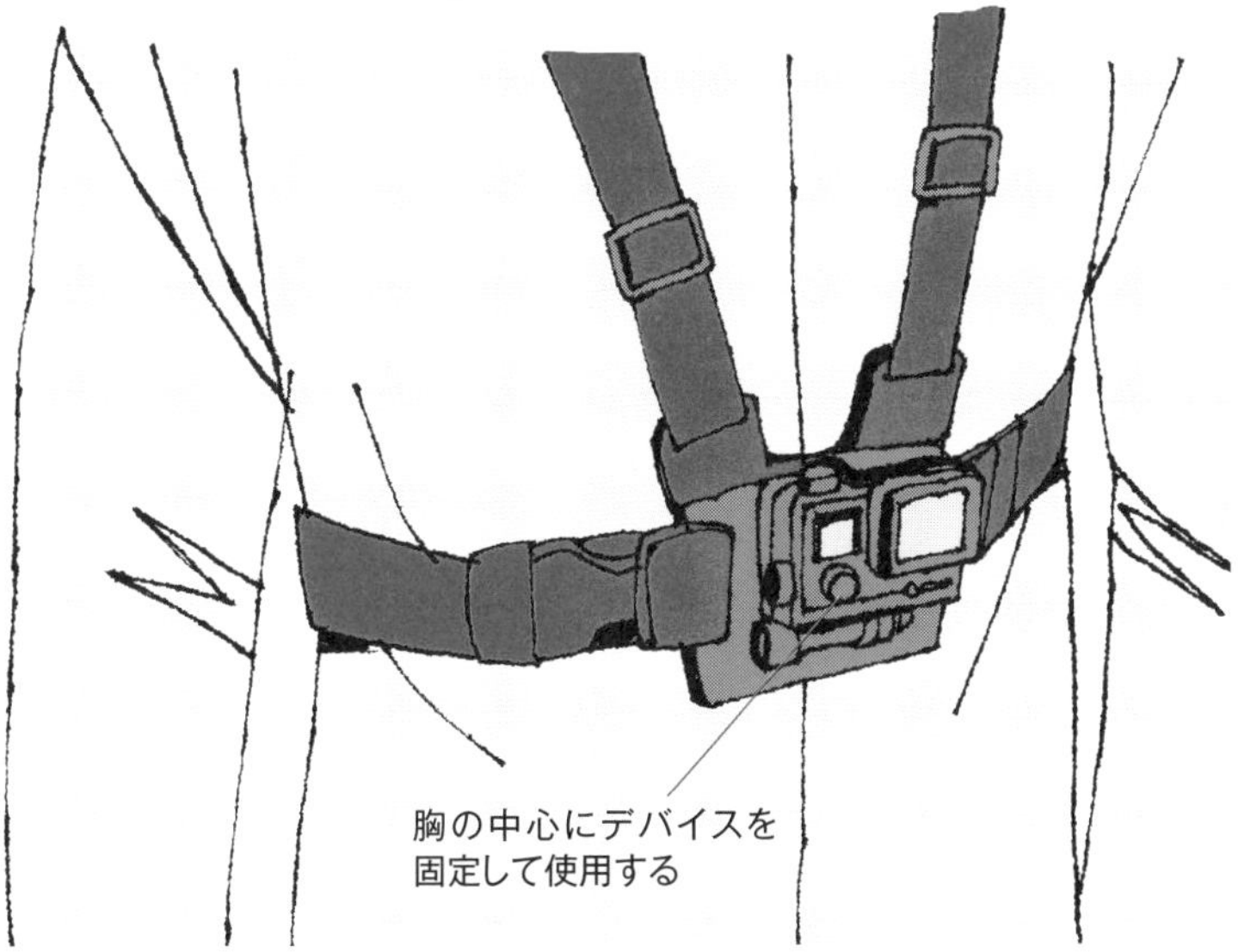
胸の中心にデバイスを
固定して使用する

胸に取り付ける心拍計

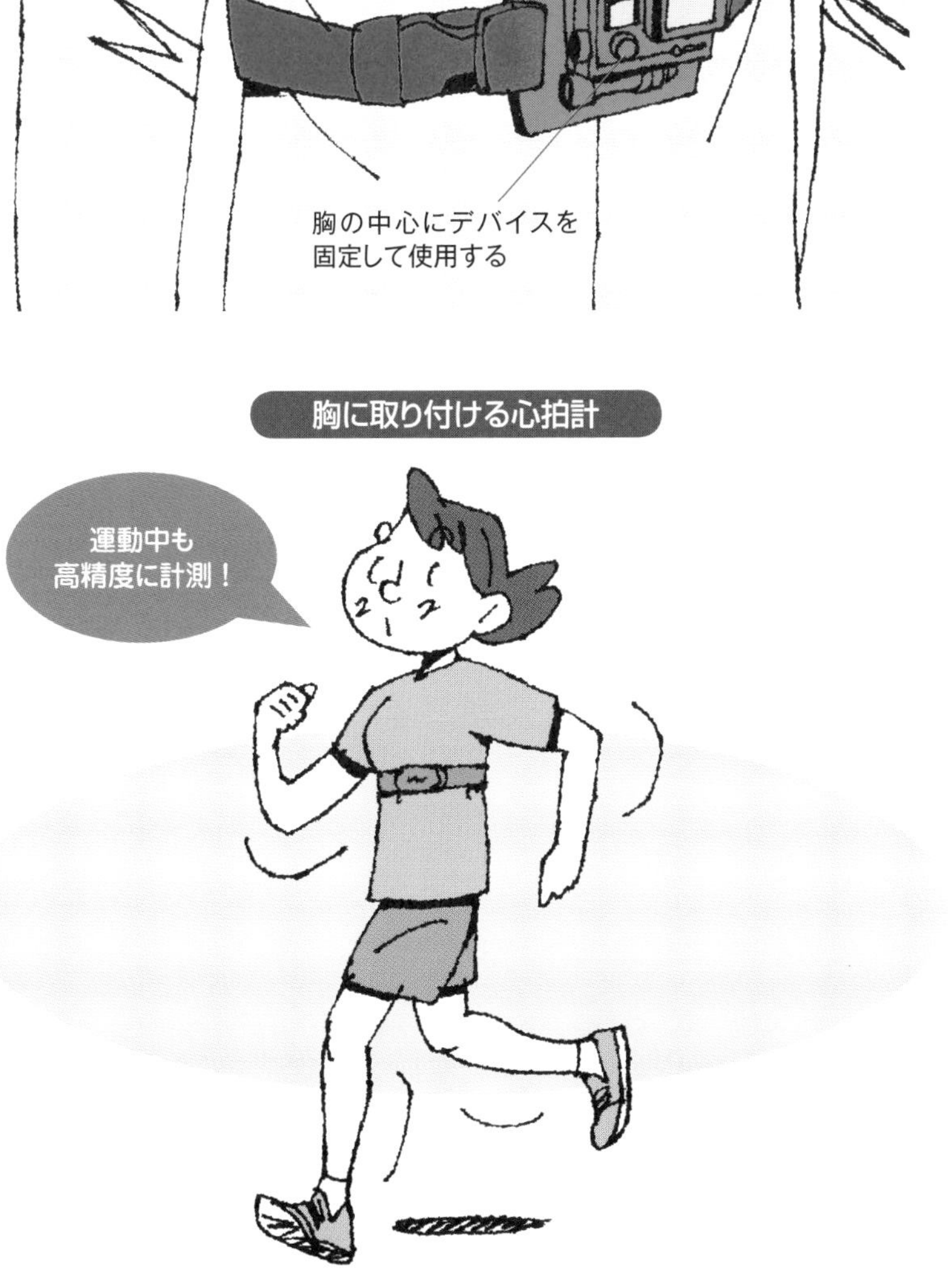
運動中も
高精度に計測！

21 ベルト型デバイス

収納面でも記録面でもポテンシャルが高い

ウエストポーチは、昔からウェアラブルコンピュータ本体の収納場所としてよく使われてきました。筆者はウェアラブルコンピュータを利用するためのキーボードとマウスをベルトに取り付けていましたので、入力デバイスの装着位置としても有用といえるでしょう。小型のキーボードとタッチパッドをベルトに取り付ければ、立ったままキーボードで文字を入力できます。

ベルト型のデバイスには、本来の機能にかかわる、締め具合の自動調整ベルト、腹囲の自動測定ベルトがあります。自動調整ベルトはモーターが入っており、適切な強さで自動的に締めてくれるベルトです。自動測定ベルトは自動あるいは自分で締めた際に腹囲が記録されるものです。長期間の記録が取れれば、腹囲の変化が一目で読み取れます。これに加速度センサも加えて「立っている」「座っている」「歩いている」「階段を上っている・降りている」などの行動記録をとれば、健康管理のデバイスとして有効でしょう。

超音波などを用いて腹腔内を測定するものもあります。大小便の排泄タイミングを予測するデバイスは、介護施設で有用とされています。予測性能が上がれば普段の生活には便利なものになるものと考えられます。健康診断では超音波で内臓の診断を行いますが、将来人工知能を用いてベルト型デバイスで腹腔内の内蔵診断が行えれば、がんや肝硬変ほかあらゆる内臓疾患の早期発見につながるかもしれません。

また、ベルトに数センチおきに振動デバイスをつけて方向情報の提示を行うという研究がありました。筆者のグループでは、過去に腹に伸縮センサをつけて腹の伸縮で秘匿入力を行う研究を行いました。カメラやボイスレコーダーを仕込む場所としても向いているかもしれません。緊急ブザー、防犯ブザーにもよいでしょう。振動や電磁気刺激を与えることで、体内の脂肪を燃焼させることにも利用できるかもしれません。ベルトには他にもポテンシャルがあるでしょう。

要点BOX

- ●入力デバイスの装着に優れている
- ●自動調整、腹囲の測定、行動記録などが行える
- ●将来的に、内臓診断や秘匿入力などに期待

ベルト型デバイスでできること

●ベルトの締め具合を自動で調整
●腹囲の変化で食べすぎを検知

●センサで行動を記録し、健康管理
●腹腔内の測定で体調管理

●腹腔内を測定し、排泄のタイミングを予測

22 貼り付け型デバイス

長時間のモニタリングに適している

貼り付け型とは、絆創膏のように粘着テープを用いてデバイスを貼り付けるタイプのデバイスです。典型的なものは、センサとBluetoothを備える超小型のチップと電池を搭載しています。複数の部品を搭載する場合は、それらを粘着テープが通電しなければならず、伸び縮みしても安定して使える導電素材が必要です。貼り付けるという制約から超小型かつ軽量でなければならず、デバイスでできることは限られますが、スマートフォンと組み合わせてさまざまな用途に使われます。

ポイントは、体の特定の場所に長時間にわたり固定できることです。センサを固定する場合、精度の良いセンシングが行える点はウェア型と同様ですが、ウェア型と違って24時間外さない点、局所的に機能を果たす必要がある点、着用する衣服の自由度が高い点が異なります。長時間安定して貼り付けられる接着材料、生体適合性、防水性やその他の生活で触れる液体などへの耐性が求められます。

具体的な応用分野としてはスポーツ用、医療・介護用がメインです。24時間、何日にもわたるモニタリングができるため、活動量、心拍、血糖値、睡眠などの計測が有用であり、すでに実用的なものも増えています。血糖値の測定に関しては、現状では侵襲性の（体に糸のような針が刺さる）ものが使われており、これは「ウェアラブル」の範疇を少し超えたものといえるでしょう。人工知能との組み合わせで高度化していくものと考えられ、多くの目的に対して最適なサジェスチョンができるようになります。

電気刺激によって筋肉トレーニングを行ったり、低周波によって筋肉のこりをほぐしたりする家電機器なども貼り付け型デバイスです。スマートフォンとの連動やセンシング機能など、コンピュータ機能が高度になればウェアラブルデバイスと呼べるようになるでしょう。人工知能との組み合わせで効果が最適化されていくことが期待されます。

要点BOX

- ●チップと電池を導電素材のテープで貼り付ける
- ●身体に貼り付けるため、生体適合や防水が重要
- ●活動量、心拍、血糖値、睡眠などの計測に有用

貼り付け型デバイス

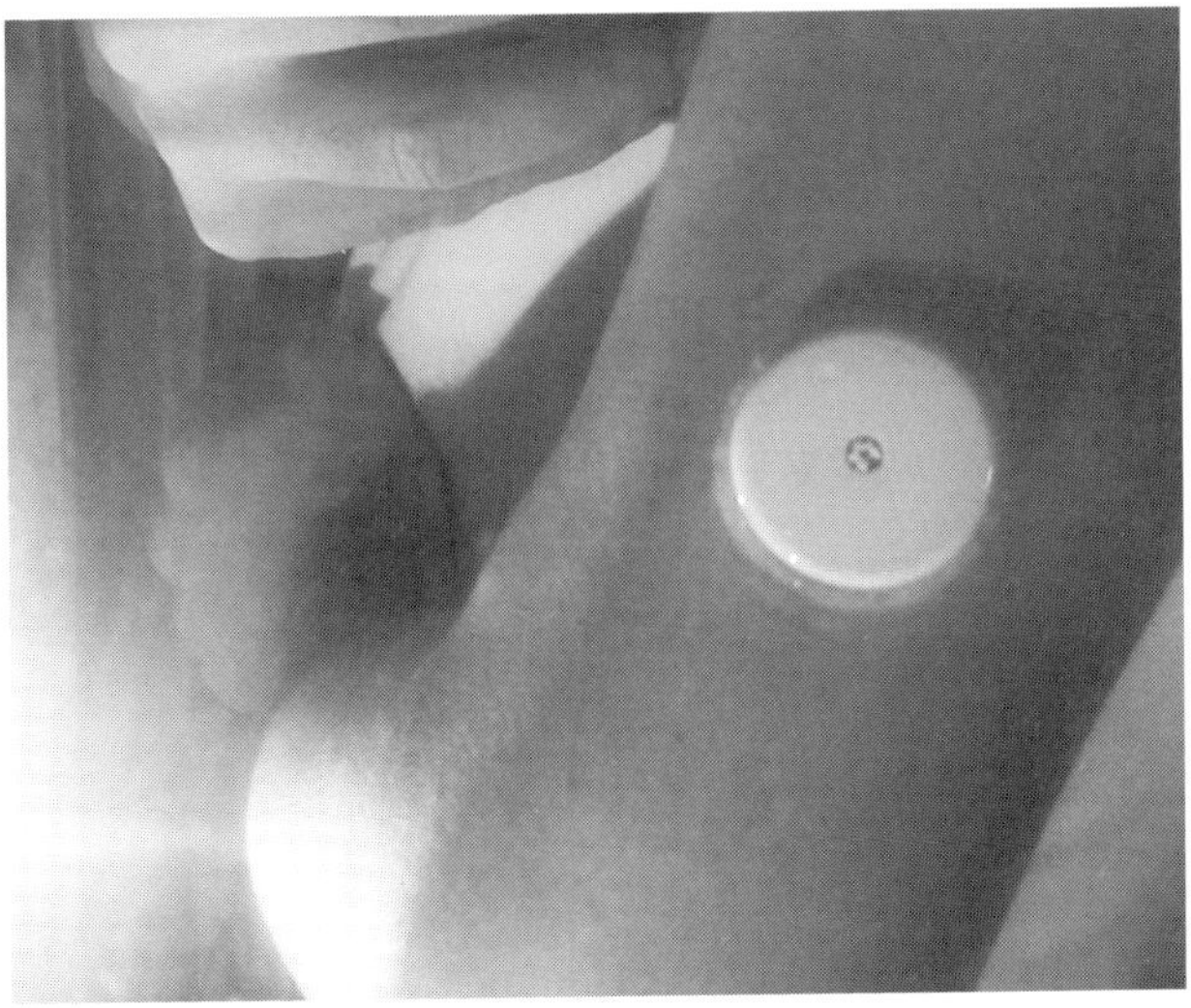

貼り付け型デバイスによる測定の例

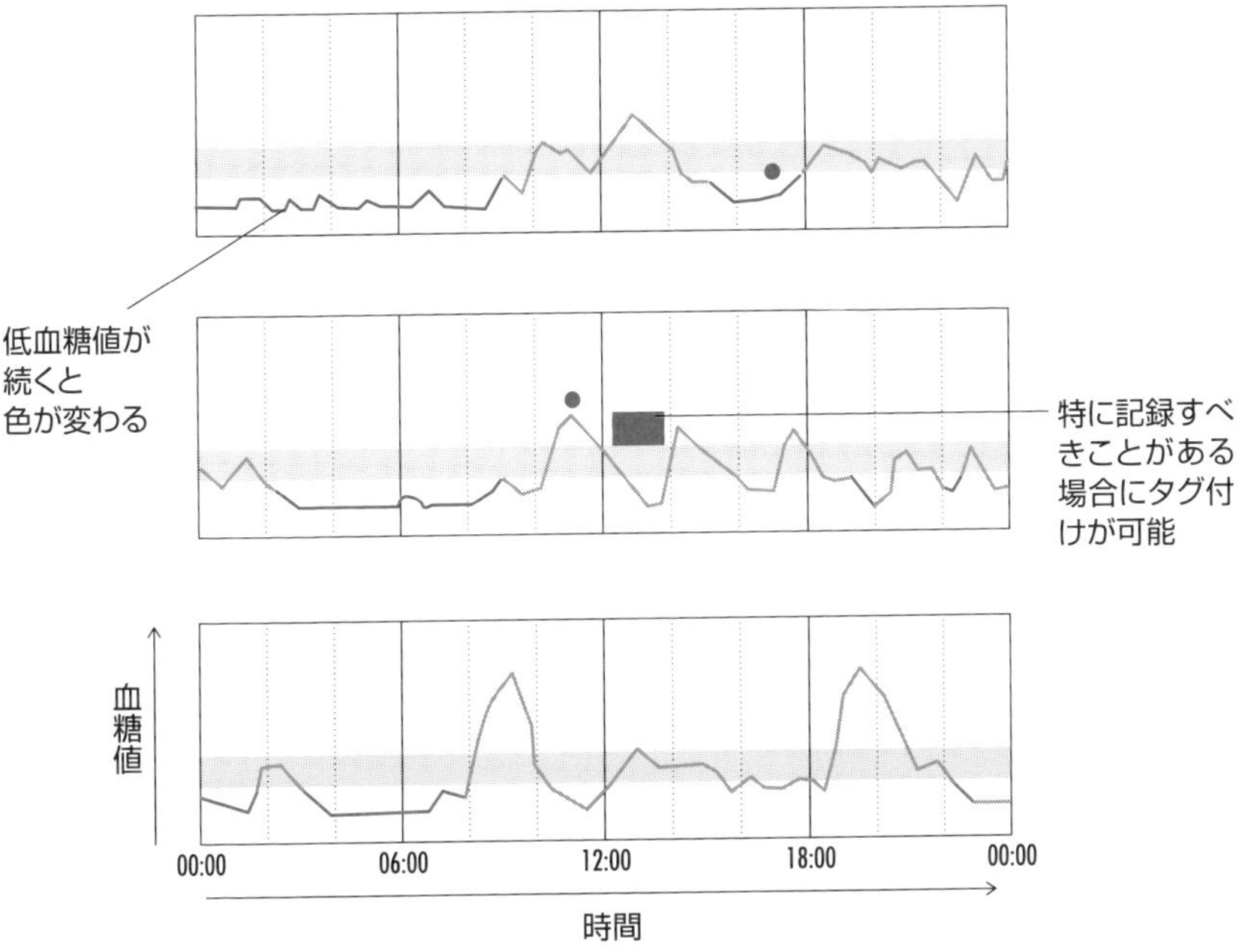

23 指輪型デバイス

他のデバイスの操作にも利用できる

指輪は古代ギリシャ・ローマ時代から人々が身に着けていました。当時は魔除けのためや権威の象徴として使われてきましたが、現在では装飾品・アクセサリーとなっています。重さは数グラム程度から重くても50グラムぐらいまでが実生活に支障のない範囲であり、ウェアラブルデバイスとしては機能を絞ったものにする必要があります。指という特殊な場所に身につけるため、センシング、コンピュータからの通知、コンピュータや家電機器への入力などの目的に使うことができます。

まず、センシングデバイスとしては、運動量、心拍数、睡眠時間、ストレス、紫外線量などをセンシングし、Bluetoothでスマートフォンと連携するものが売られています。スマートフォンを経由してクラウドでデータを管理したり、危険などのアラートをスマートフォンに表示したりします。心拍や血中酸素濃度の測定も可能で、腕時計型デバイスで計測するよりも精度よく計測できるケースが見られます。

コンピュータからの通知としては、振動デバイスが搭載されて、スマートフォンにメールや電話の着信があったときに振動でユーザに知らせるものがあります。どのようなときに通知を行うかはアプリによって設定するのが一般的です。光で通知することも考えられますが、ほかの人に見えてしまうことや自分で気づかないことがある点に注意が必要です。

コンピュータや家電機器への入力デバイスとしては、加速度センサを用いて指の動きで指示を出したり、タッチやボタンでプレゼンテーションや音楽再生の操作を行ったりします。プレゼンテーション用のものは時にクリッカーと呼ばれます。

指は10本ありますし、一つの指に2個以上の指輪をはめることもできます。10本の指に付けて机の上をたたくことでキーボードの代わりにするような技術もあるように、複数のデバイスを組み合わせて何らかの機能を果たすことも考えられます。

要点BOX

●指にはめて使うため、重さに制限がかかる
●主な使用方法は、センシング、通知、入力
●複数の指にはめて、運動しての使用に期待

指輪型デバイスの用途

●家電などの操作
●運動量、心拍数などを計測
●通知を振動で知らせる

指輪型デバイス

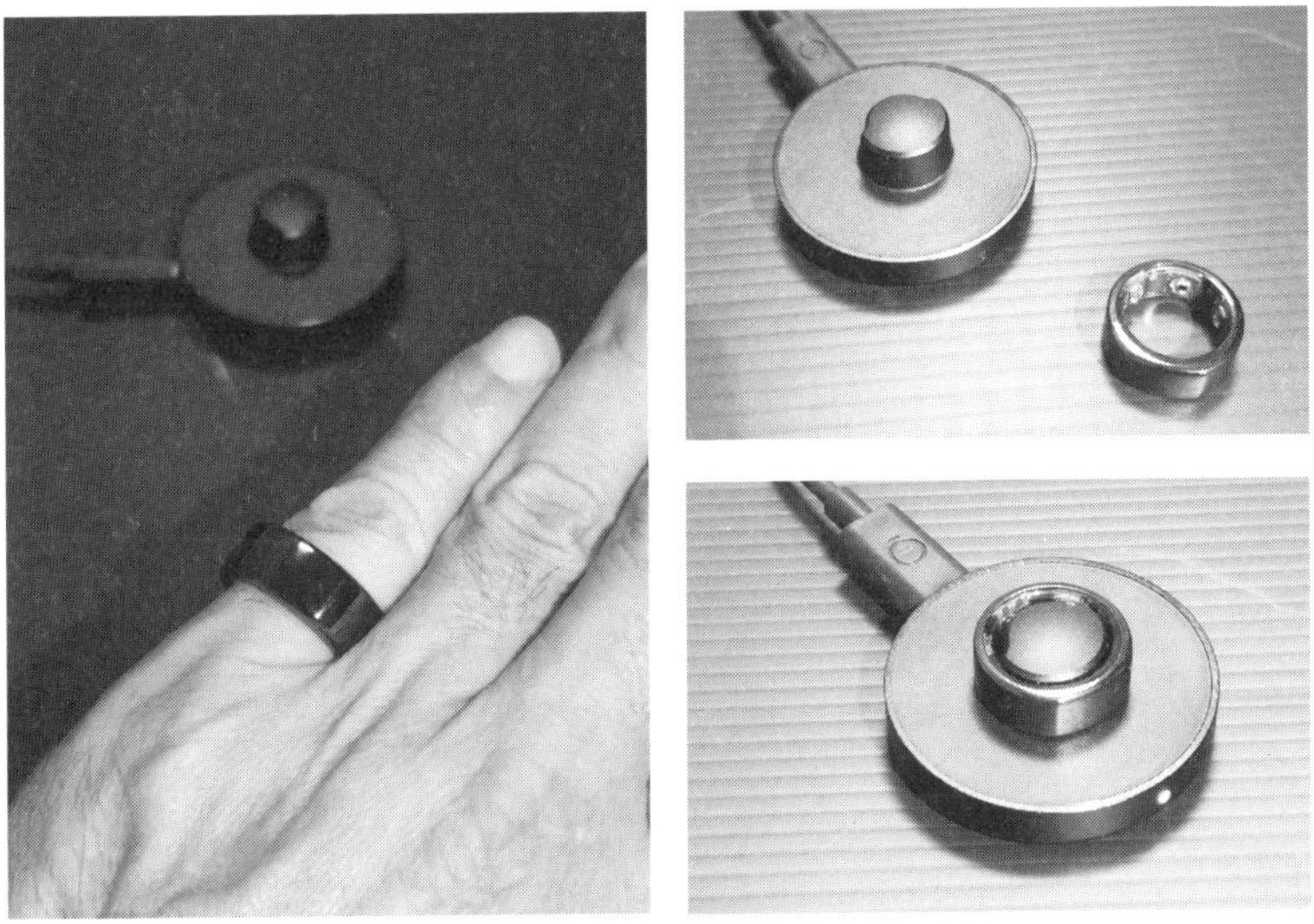

左：「Oura ring」装着時の様子、右：充電時の様子

Column

健康管理にも有効なコンタクトレンズ型デバイス

通常、コンタクトレンズとは視力矯正のために直接目に乗せて使うレンズのことを指します。視力矯正以外にも、目の色を変えるカラーコンタクトや悪魔などの変わった形の目に扮するコスプレ用のアイテムなどもあります。ウェアラブルの分野では、コンタクトレンズに情報機能を内蔵するものがいくつか提案されています。

まず、よく話題になるのがディスプレイとしての利用です。目の主な機能は見ることであるため、それに関わるコンタクトレンズ型デバイスをディスプレイとして利用することを考えるのは当然の流れです。最近では、米国のベンチャー企業Mojoがコンタクトレンズ型ディスプレイの試作に成功したという報道がされています。コンタクトレンズ型デバイスは光学系の設計が課題でしたが、不可能ではないことが実証されました。ただし、光学系メカニズムとしてはいくつかの方式が提案されていますが、非常にコンパクトな筐体の中にバッテリーも含めて入れること、なおかつ実世界視界を確保することが必要であり、実用的なレベルでの実現はまだまだ難しいものと考えられます。

実用性という意味では、センシングに関する研究・開発に注目が集まっています。目は体液が直接出ている数少ない部位であるため、コンタクトレンズ型デバイスは体液を直接センシングできることになります。最も注目されているのが血糖値のセンシングです。コンタクトの中にバッテリや通信機能も含めて納められれば、血糖値の常時モニタリングが可能です。糖尿病患者のみならず、健康な人のメタボリックシンドロームの予防にも有効なため、実現すれば広く使われるようになる可能性があります。血糖値以外にも体液の様々な成分を検出することができるかもしれません。コンタクトレンズ型デバイスはセンサという面で、他の部位に付けるウェアラブルデバイスとは異なる、非常に大きな可能性を秘めているといえるでしょう。

カメラやレーザーポインタを内蔵できれば面白い使い方ができるかもしれませんが、現時点ではコンタクトレンズのサイズに収まるほど小さなものは実現が難しそうです。

第4章

ヘッドマウントディスプレイ（HMD）

24 ヘッドマウントディスプレイ（HMD）とは

スマートグラス？ ARグラス？ VRグラス？ どう違うのか

ヘッドマウントディスプレイ（HMD、Head Mounted Display）とは頭部に装着するディスプレイであり、ゴーグル型や眼鏡型などがあります。一般にHMDという場合、ディスプレイはほかの人に見せるためのものではありません。一方、スマートグラスとは眼鏡にIT機能が入ったものを指します。ディスプレイやCPU、メモリなどの入った超小型のコンピュータが狭義のスマートグラスですが、LEDやセンサ、バイブレータと通信機能が付いただけのものを含める場合もあります。単なるディスプレイのみで計算機能がない場合は、HDMIやUSBケーブル、あるいは無線通信を使ってスマートフォンなどから画面が送られます。

HMDは単眼か両眼か、シースルーか非シースルーか、画面が大型か小型かの3つの軸で8種類のHMDに分類できます。それぞれで設計や用途が変わってくるため、この分類が重要です。

「両眼・非シースルー・大型」のものは一般にウェアラブルではなく、VR用もしくはテレビモニター用のものです。「両眼・非シースルー・小型」のものはテレビモニター用のものとして古くから存在します。「両眼・シースルー・大型」のものはAR向けのものがほとんどで、将来の本命の形状と考えられています。「両眼・シースルー・小型」のものはファッショナブルなバリエーションとして今後現れることが想定できます。

単眼のものは情報を見るためのもので、スカウター（scouter）と呼んでいます。「単眼・小型」のものがスカウターの典型です。非シースルーのものが多く、画面が見やすいというメリットです。一方、シースルーの場合は実世界を遮らないことにメリットがあります。

「単眼・大型・シースルー」のものは『ドラゴンボール』のスカウターのイメージであり、情報をちらっと見るだけでなく、ターゲットに照準を合わせるような使い方に向きます。「単眼・大型・非シースルー」のものはプロのカメラ撮影のような特殊な用途に向いています。

要点BOX

- ●頭部に装着して使用するディスプレイ
- ●HMDは形状によって8種類に分類できる
- ●本命は「両眼・シースルー・大型」の形状

さまざまなHMD

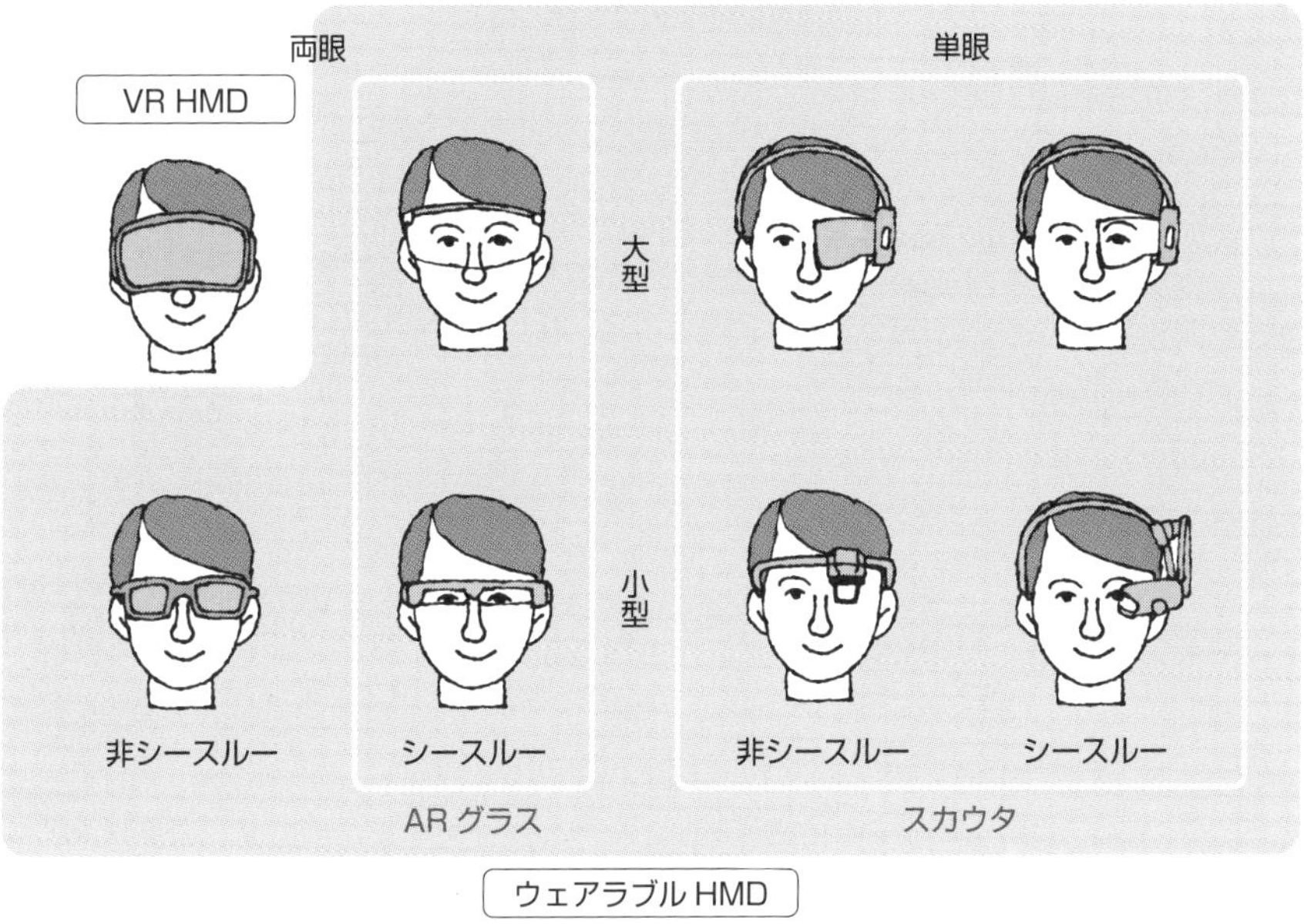

HMDとスマートグラスの区分

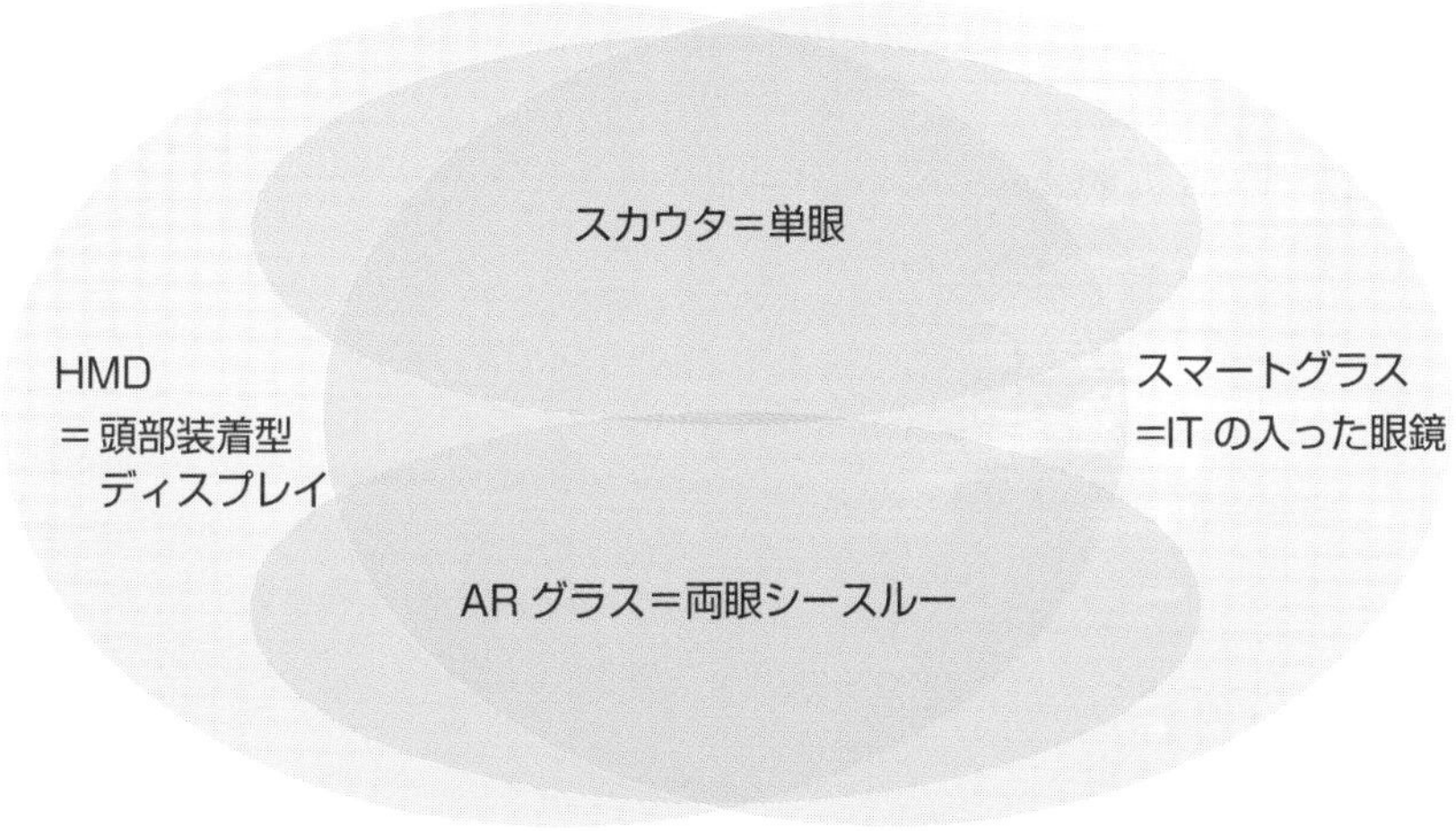

25 小型ＨＭＤの仕組み

小型ディスプレイと光学系を組み合わせたさまざまな仕組み

多くの小型ＨＭＤの中には小型のディスプレイモジュール部品が入っています。典型的なものは1、2㎝角の液晶の部品です。それが表示する画面を、光学系と呼ばれるミラーやレンズを組み合わせた機構で目まで届ける仕組みです。ミラーは光の方向を変えるために使われ、レンズは画面を拡大すると同時に目と対象物の距離を遠くするために使われます。ホログラムやナノインプリントという技術を使って光の方向を変えたり、導光板を使って光を導いたりする場合もあります。

光学系は目のすぐ近くのコンパクトな空間で構成されるため、目からディスプレイモジュールまでの距離は数センチという短い距離になります。目から近すぎるものは焦点が合わず見えないので、光学的な距離を離すためにレンズや凹面鏡などが使われるのです。光学系の仕組みは米国を中心に多数の特許がありましたが、20年以上前の基礎技術は特許が切れているため、自由に使用できます。

ディスプレイモジュールについてもう少し詳しく説明します。普通のパソコンなどでは透過型液晶（ＬＣＤ）が主流です。液晶モジュールをバックライトで照らして色を出すもので、液晶モジュールはＲＧＢそれぞれの色の濃さを変えるフィルターとして機能しています。ＨＭＤではより明るい反射型液晶（ＬＣＯＳ）が用いられることが多くなっています。半導体の回路基板の表面に液晶面をつけたもので開口部が広く、より明るい点が特徴となります。

最近、スマートフォンなどではディスプレイ自体が発光する有機ＥＬディスプレイがよく使われていますが、ＨＭＤでもそれを用いるものが出てきています。さらにスマートフォンやテレビモニターなどでは、より明るいマイクロＬＥＤという技術が出てきています。一つ一つの画素がＬＥＤになっているものです。超小型のモジュールも出てきているので、ＨＭＤにもいずれ用いられようになるでしょう。

要点BOX

- ●ディスプレイの画面を、光学系で目まで届ける
- ●目と画面の距離を離すためのレンズと凹面鏡
- ●ディスプレイモジュールの液晶はLCOSが主流

小型HMDの光学系のメカニズム

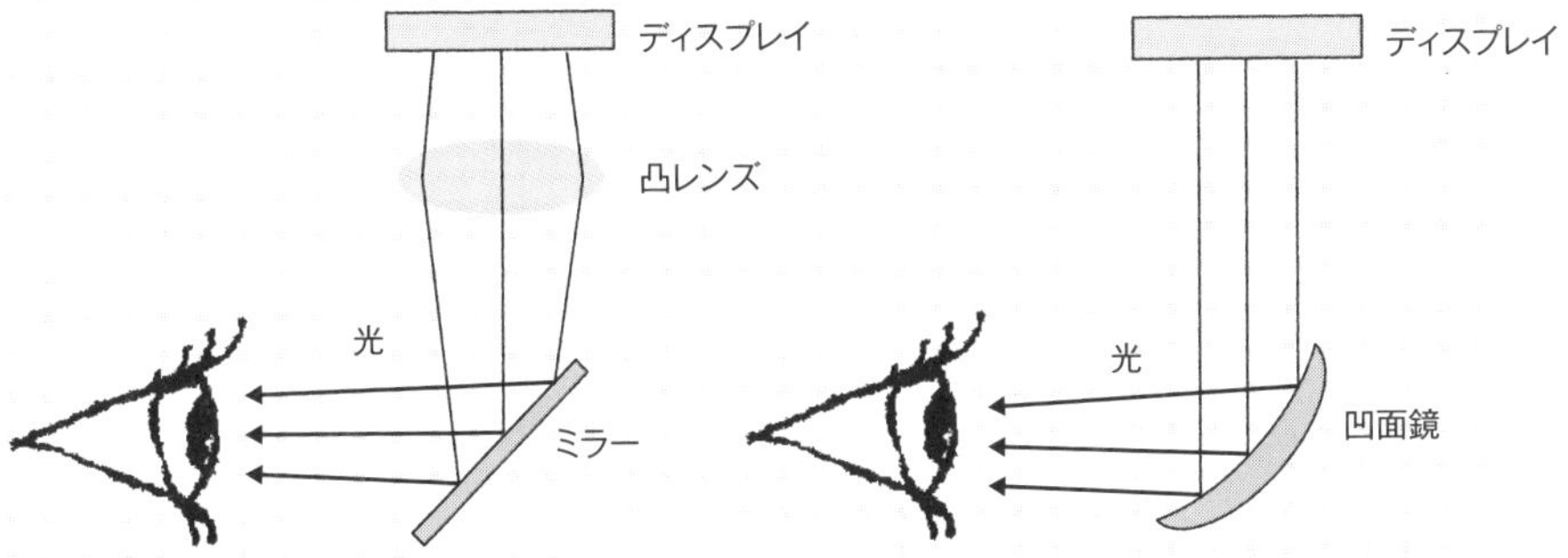

LCOSのメカニズム

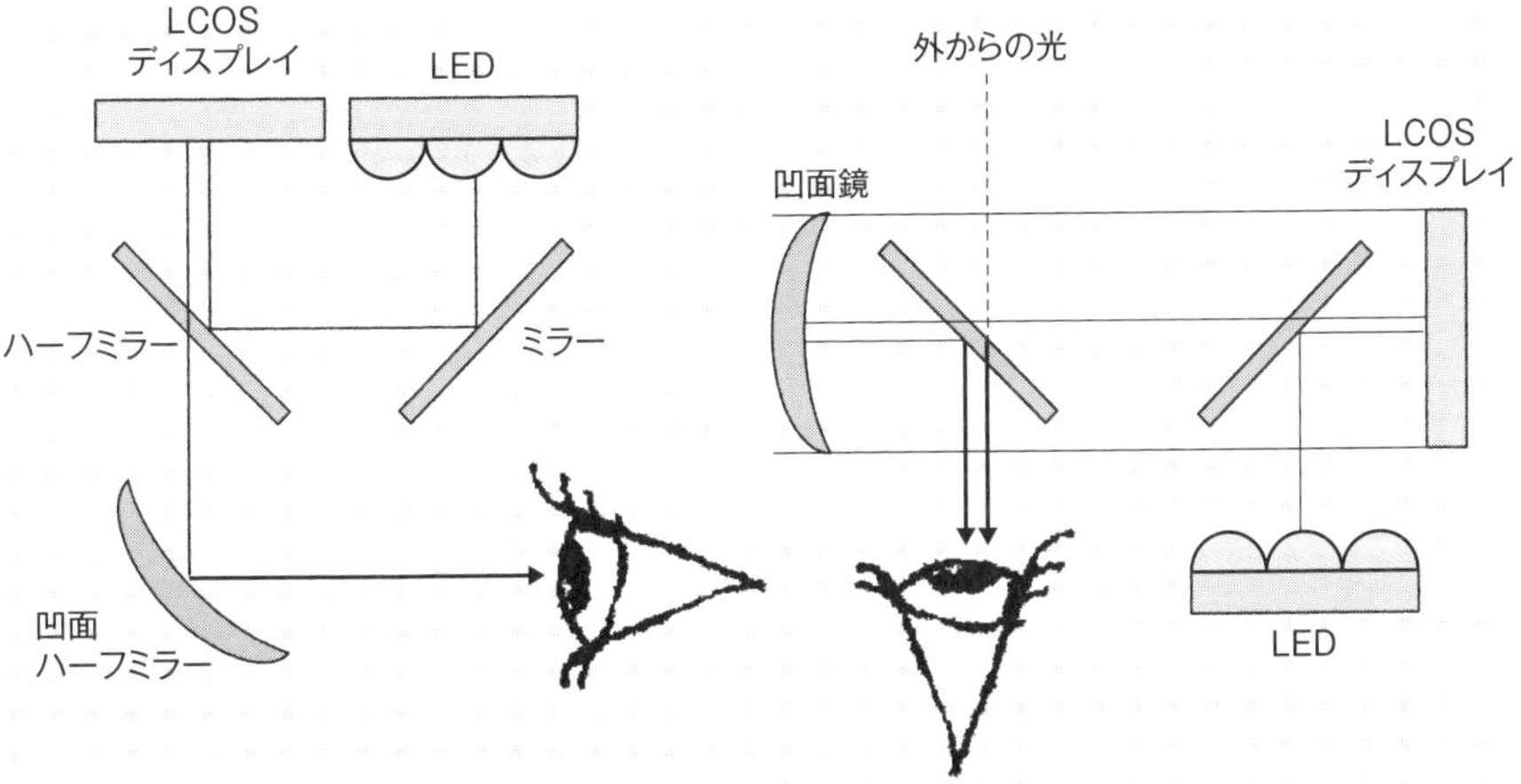

26 シースルーHMDの仕組み

ハーフミラーと導光板

25項で述べた小型HMDのミラー部分をハーフミラーに置き換えることで、簡単にシースルー型に変えることができます。ハーフミラーは光の一部をミラーとして反射し、残りの光を透過するため、向こう側が透けて見えることになります。結果として、ミラーに映るディスプレイと周囲の風景が混じって見えることになります。

ミラーの透過率は設計により変更できます。透過率の変更は、例えば、銀などの金属をプラスチックやガラスのカバー外側に塗布（蒸着）することで実現できます。塗布量によっても透過率が変化します。シースルーHMDには、凹面鏡、凸レンズ、ハーフミラーなどを組み合わせたさまざまなメカニズムが使われており、特許も多数出願されています。

別のメカニズムとして、最近は導光板（wave guide place）を用いるものが増えています。導光板は、基本的にはプラスチックの板です。プラスチックへ垂直に光を当てると透過しますが、光を当てる角度を傾けていくと、ある角度から先は全面的に反射します。水面を上からのぞき込むと中が見え、遠くの水面を見ると空が反射する状況を思い浮かべて下さい。この原理に基づき、角度をつけて光を当て、プラスチックの中を何度も跳ね返らせながら光を別の場所まで送るというのが導光板の原理です。

導光板の一部から画像を入れて、ミラーやホログラムを用いて方向を変え、導光板の中を何度も折り返しながら導光し、目の正面で再びミラー、ハーフミラー、ホログラムなどを用いて方向を変えて光を外に出すという仕組みです。途中でホログラムを用いて拡大したり、向きを変えたりするなどのバリエーションもあります。また、RGBそれぞれ波長が違い屈折率が異なるので、1つの光学系で表示するとRとGとBが少しずれることになります。そこで2つ、ないし3つの光学系を重ね合わせてHMDを作るような技術も開発されています。

要点BOX

- ●ハーフミラーを使用してシースルーを実現
- ●導光板を用いるものは、全反射を利用
- ●画像の拡大や向きの変更などのバリエーション

シースルー型HMDの光学系のメカニズム

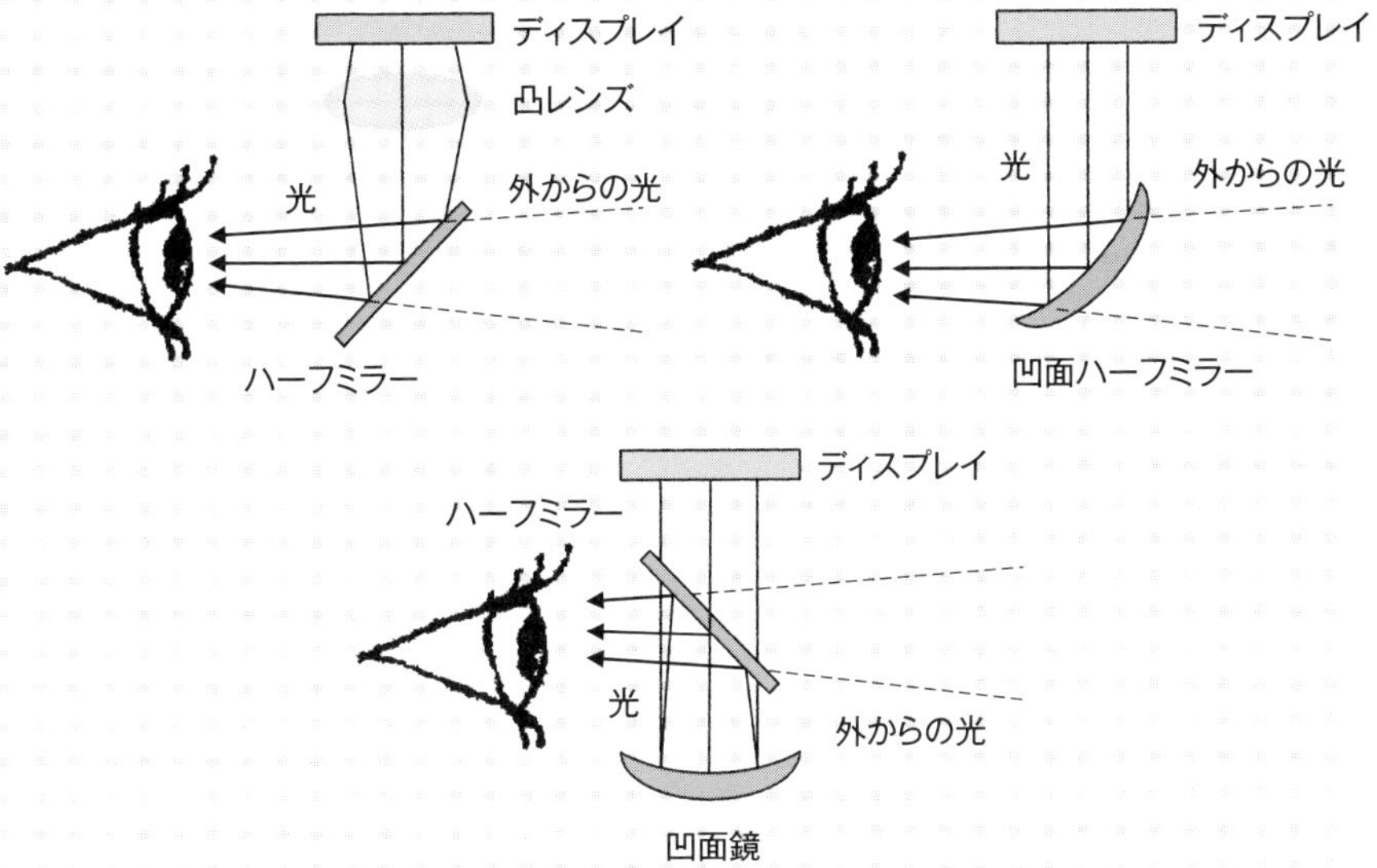

導光板を使用した光学系のメカニズム

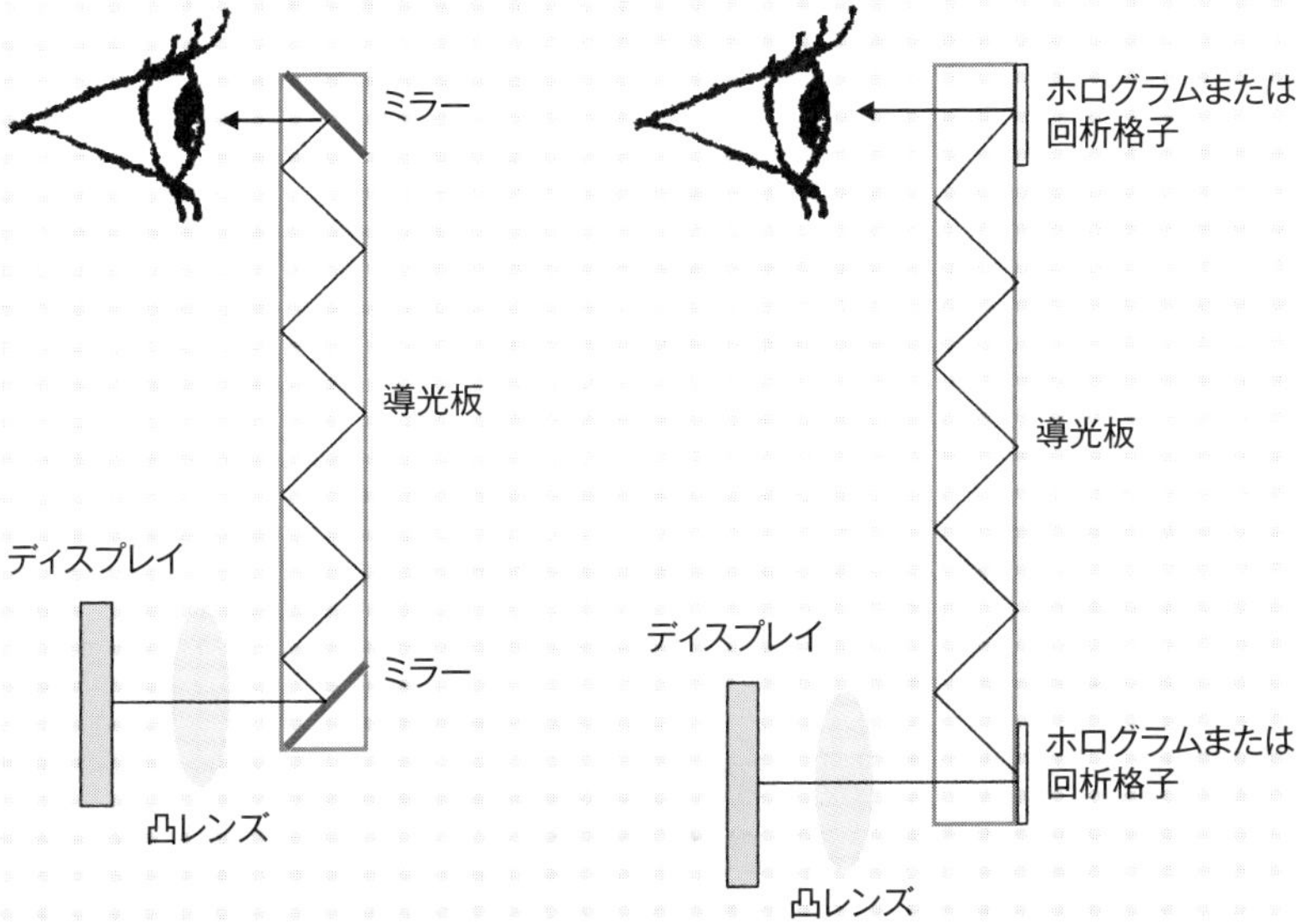

27 網膜投影型HMDの仕組み

光が直接網膜に投影される

目でものを見るときには、通常、外から入った光を水晶体という目のレンズ部で集光して網膜部に投影し、脳内で処理されます。虫眼鏡で太陽光を集めて紙を焦がした実験を思い出してください。当然、水晶体のレンズの厚さを変えることでピントを調整することができます。近視や遠視の人はレンズの厚さ調整が正しくできないことが問題なのです。

網膜投影型のディスプレイは全く異なる原理で、水晶体の集光機能を利用せず、光が水晶体の中央部分だけを素通りして、直接網膜に投影されるような見せ方です。小さなプロジェクタを目の前に置いて、網膜というスクリーンに向けて投影するというイメージです（光量はごくわずかにします）。

2010年ごろ、レーザー光とMEMSミラーを用いたピコプロジェクターが少し流行りましたが、あまり使われないまま現在に至っています。光量が少なく実用性が低かったことが一つの要因ですが、同じメカニズムを網膜投影型HMDに活用すれば光量ははるかに少なくでき、出力的には十分実用レベルといえます。ただし、小型化、軽量化およびレーザー光源の低消費電力化は問題点として残ります。

レーザー光は一点を照射するものですが、ミラーで反射する際にx軸方向およびy軸方向にスキャンする（高速・規則的に上下左右に動く）ことで、x軸方向、y軸方向に広がりを持つスクリーンを形成します。ミラー部に関しては、かつては1軸のスキャンミラーを2個組み合わせて使っていましたが、最近は一つのMEMSミラーで2軸にスキャンできるものが出てきたため、それを用いれば容易に光学部を構成できます。フルカラーの画面を構成するにはレーザーはRGBの3色が必要ですが、レーザー出力部とRGBの光を1つにまとめるコンバイナもまた小型化しており、小型の網膜投影型HMDの実現が容易になってきています。万が一の故障時にも、光度が決して危険レベルまで上がらない設計が求められます。

要点BOX

- 目の水晶体の中心を光が透過し、網膜へ投影
- ピコプロジェクターを応用すれば実用化も可能
- スキャンミラーでx軸、y軸に広がりを持たせる

ものの見え方と網膜投影型HMDの光学系のメカニズム

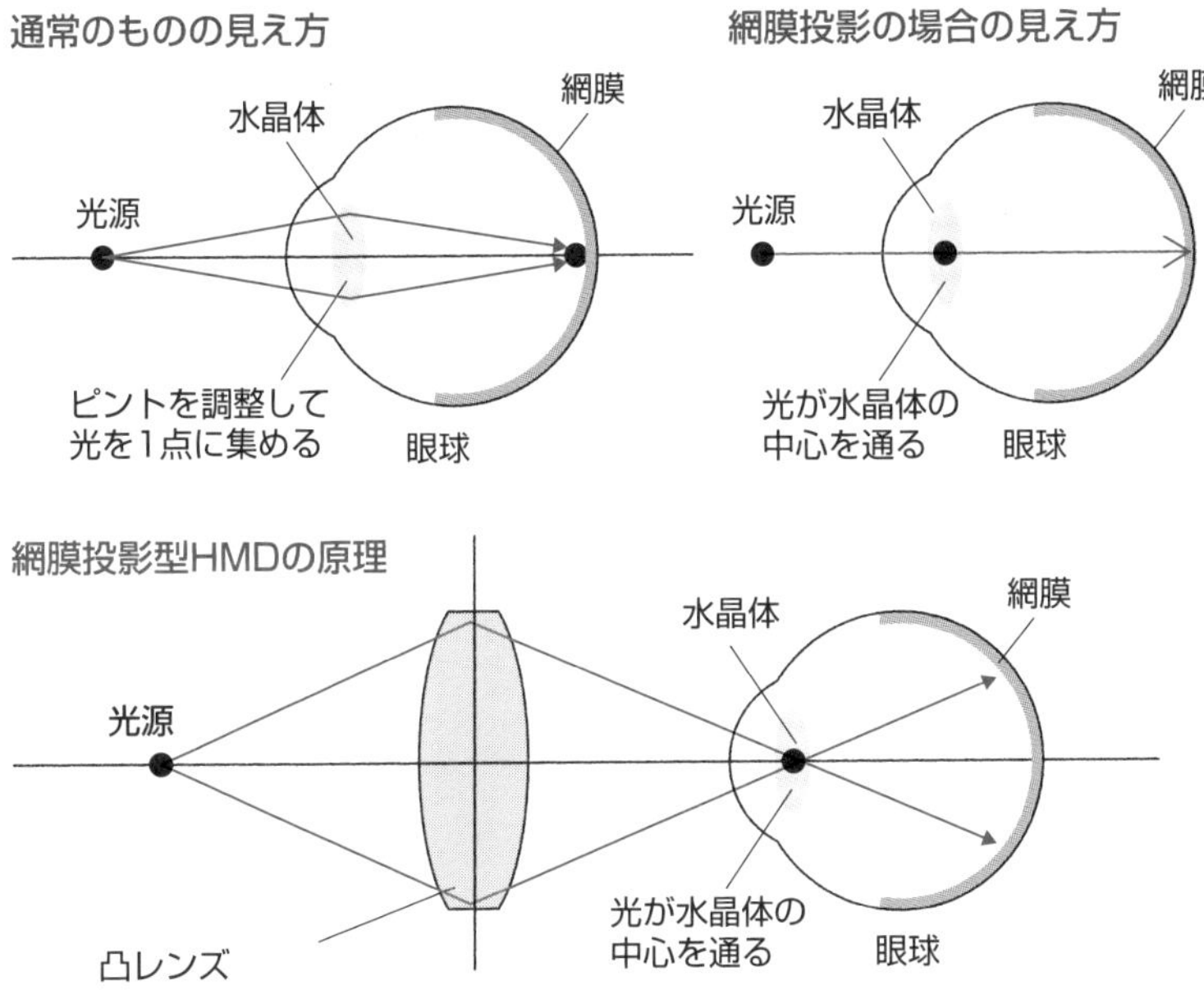

x軸、y軸に広がるスクリーンを映し出すミラー

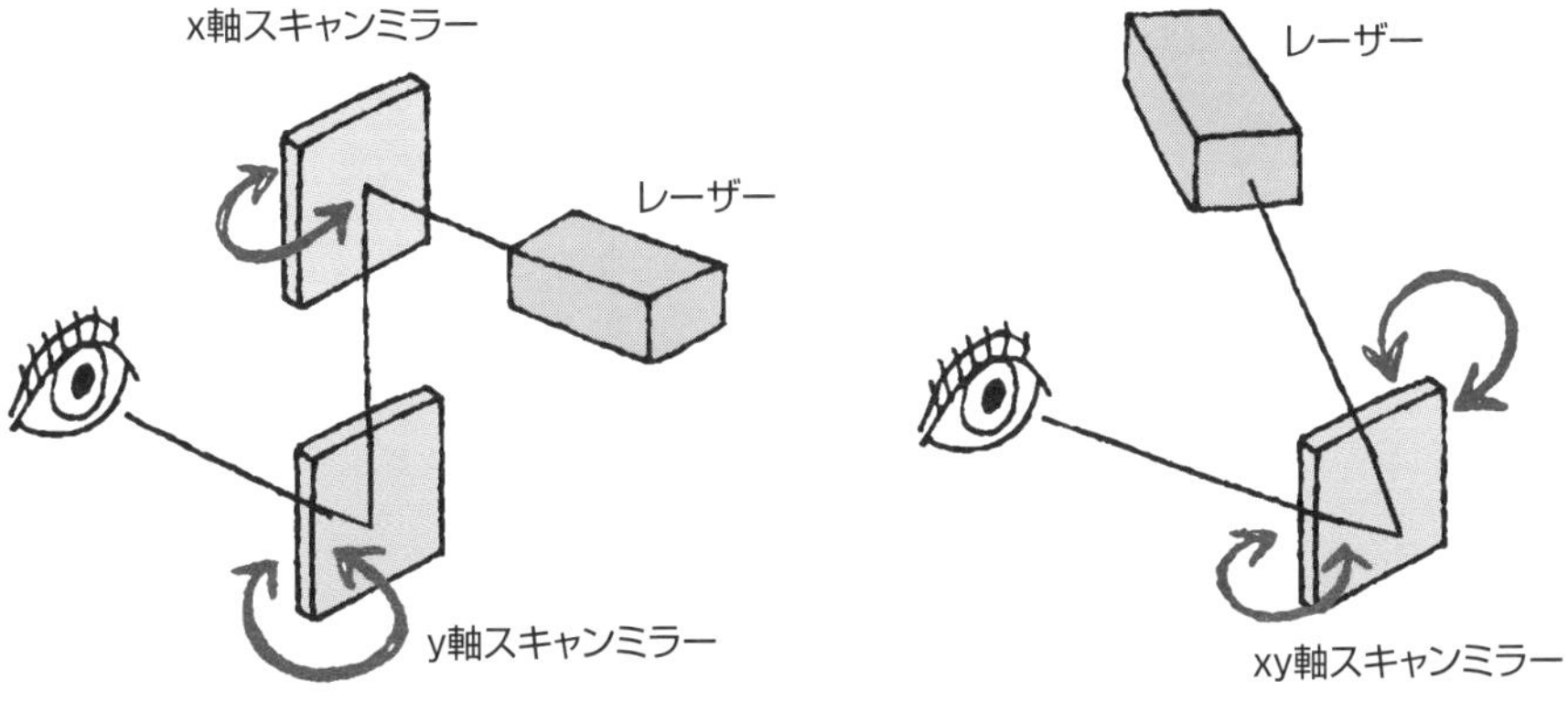

28 HMDの焦点深度

画像をどれくらいの距離に表示させるのか

私たちが物を見るとき、目は水晶体の厚さを調整してピントを合わせています。水晶体の厚さを調整するのが毛様体で、近くのものを見るときには毛様体筋が緊張して水晶体を厚くし、遠くのものを見るときには弛緩して水晶体を薄くします。対象物までの距離が焦点深度です。片目で見ても物までの距離がわかるのは毛様体筋の緊張具合がわかるからです。

HMDは設計時に、光学系によって焦点深度を設定します。この場合焦点深度とは、目から画像までの仮想的な距離です。一般に、70㎝から無限遠まで、多くのバリエーションがあります。表示器から目までの実際の距離は3～5㎝程度なので、間に入れた凸レンズや凹面鏡によってその距離が作り出されます。しかし多くの場合、焦点深度は一度設定すると固定されます。ARではさまざまな距離に仮想物体を表示したいため、ARグラスでは焦点距離を可変にするメカニズムが必要です。

導光板を用いたシースルーHMDでは、異なる焦点距離の光学系を2つ重ね合わせることによって2つの焦点距離を持つHMDを構成できます。例えば1m程度の近距離のものと5m程度の遠距離のものを組み合わせると、その2種類の距離に表示を行い、それらを重ねて見ることができます。3つ以上重ねると3つ以上の焦点距離も可能になりますが、光学系が大きく重くなるので現実的ではありません。

これに対してライトフィールドディスプレイという技術があり、研究レベルではそれを用いた複数の焦点深度を持つHMDが作られています。これは、スクリーンの各点が見る方向によって違う色に見えるというもので、多視点映像用や両眼立体視用にも使われていますが、技術的には、HMDにおける複数の焦点深度のスクリーンとしても使えるものです。今後ARグラスが一般化してきた場合、焦点深度の調整が深刻な問題となってくるものと思われます。小型化、軽量化などの実用化技術の発展が望まれるところです。

要点BOX

- ●通常光学系によって焦点深度を1つ設定する
- ●複数の焦点深度を持つHMDもある
- ●ライトフィールドディスプレイは任意焦点深度を実現

HMDにおける焦点深度

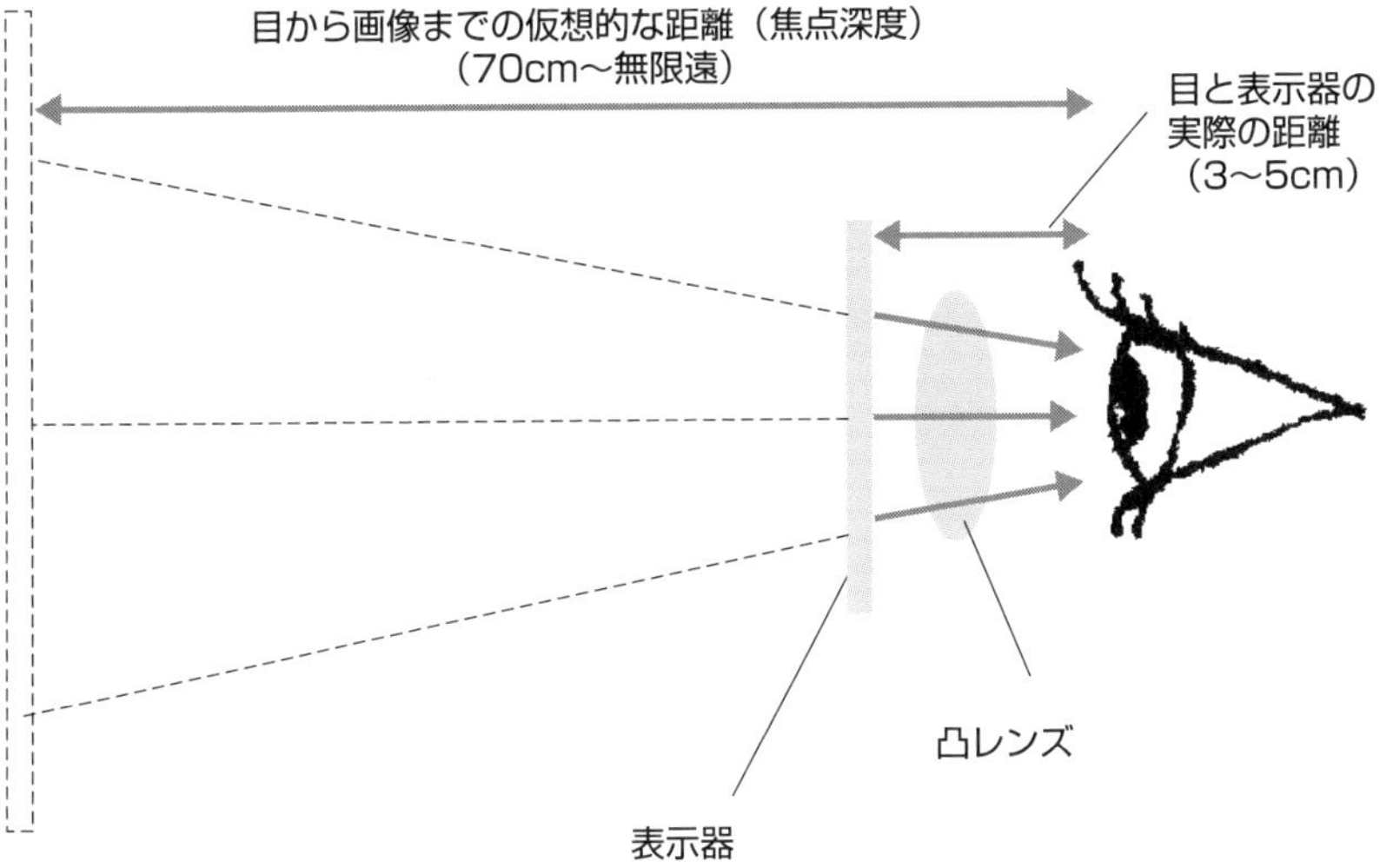

ライトフィールドディスプレイを利用したHMDの仕組み

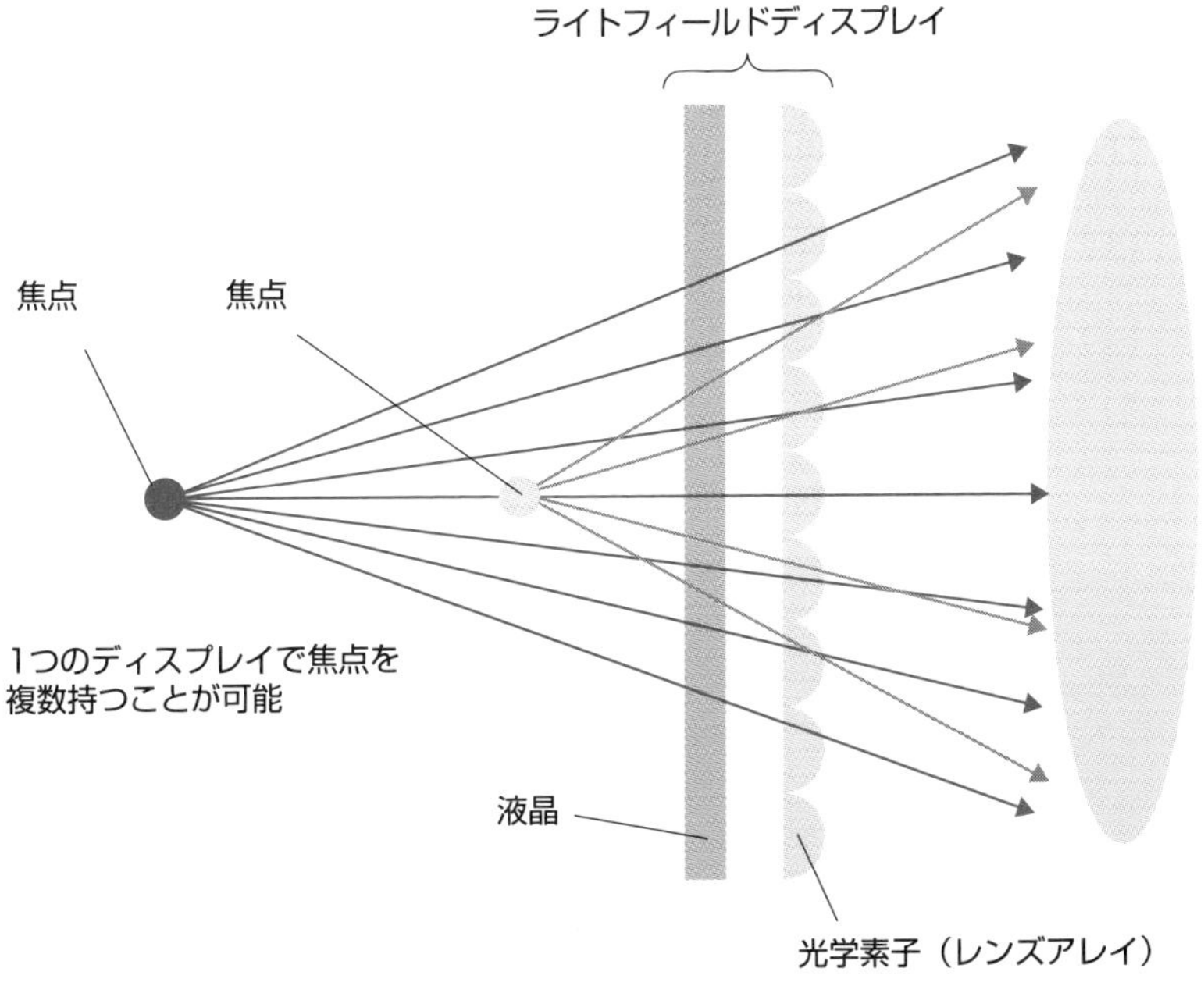

29 HMDの明るさ調整

画面の見えやすさが重要

シースルーHMDは、日中屋外では画面が見えなくなってしまう場合が多くあります。これは、ディスプレイの光量と比べて屋外の光量が圧倒的に多いためです。画面を見ようとすると暗いほうや黒い場所に目を向けるか、目を手で覆う必要があります。逆に、暗い場所では画面が明るすぎて、実世界側の様子が見えにくくなります。この場合は画面の輝度を全体的に下げればよいことになります。スマートフォンには、外の明るさに応じて画面の明るさを変える機能が搭載されており、同様のメカニズムがHMDでも必要です。これはシースルーHMDだけでなく、非シースルーの場合でも有効です。

明るい場所でシースルーHMDの画面を見やすくするために、メガネにワンタッチで取り付けられるシェードが利用される場合があります。一般のメガネでもシェードコントロールと呼ばれる明るさ調整のための付属品が売られていますが、HMD利用においては特に有用です。これは単眼非シースルーHMDの場合にも有効です。シェードの濃さは外の明るさに応じて複数必要です。外を見ながら画面を見るためには、画面の明るさと外の明るさをうまく調整しなければなりません。

普通のメガネではシェードの明るさを自動調整するアプローチもあります。調光レンズは、紫外線量によってレンズ濃度が変わる、化学的な変化を利用するものです。サングラスなどによく使われています。液晶シャッターは調光フィルムをガラスに貼り付けるものや、液晶そのものを窓のブラインドやカーテンのように使うもので、電気的なオン・オフで透明・不透明を切り替えます。また、段階的に切り替えられるものもあります。それを用いたHMDも販売されたことがありますが、ARグラスの応用がまだそれほど浸透していなかったため、あまり売れず、販売も終了してしまいました。ARへの応用には、AR物体が半透過しないようにするため、また黒い物体を表現できるようにするため、部分遮蔽の技術が必要です。

要点BOX

- 周囲の明るさに応じて調整が必要
- シェードの場合は濃さが複数必要
- 化学的、電気的な変化でも切り替えられる

HMD用のシェード

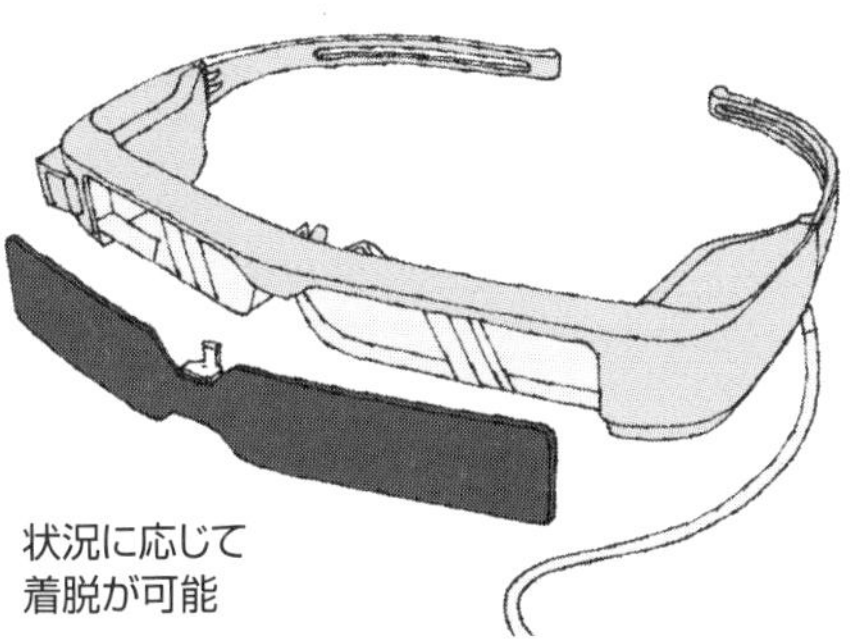
状況に応じて
着脱が可能

明るさを段階的に調整するしくみ

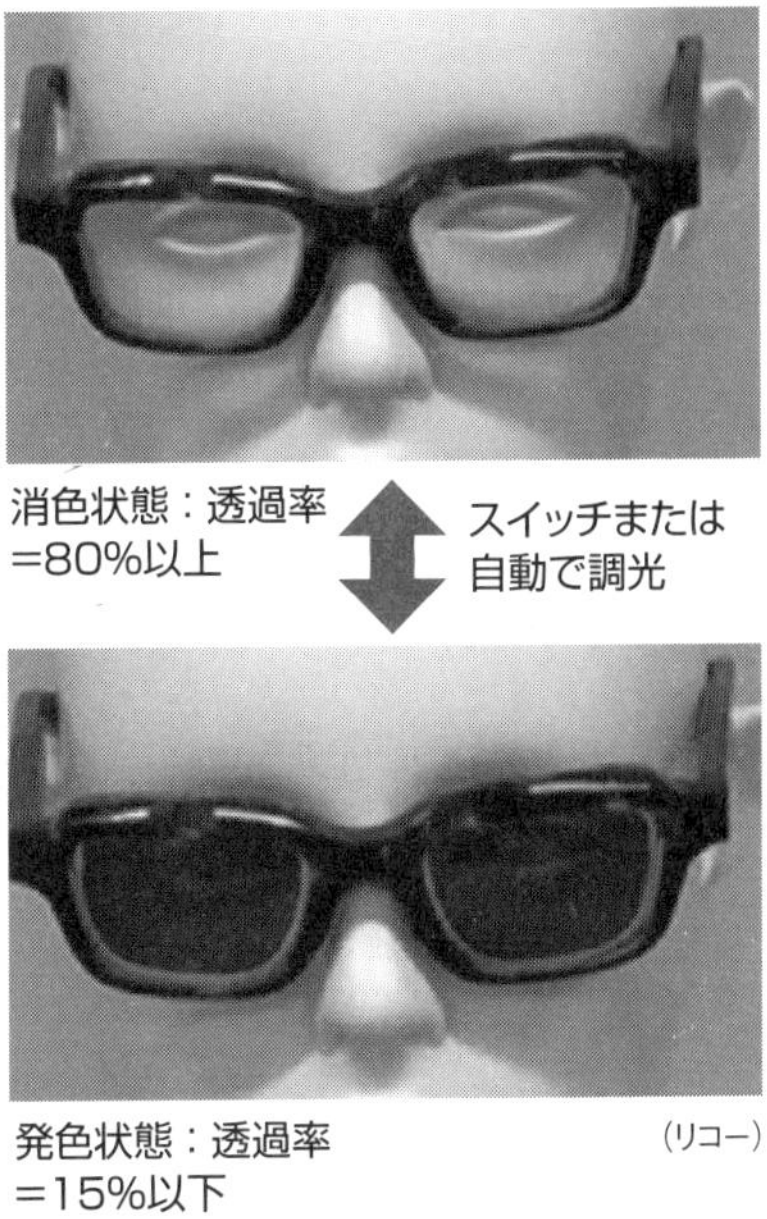
消色状態：透過率
=80%以上
スイッチまたは
自動で調光
発色状態：透過率
=15%以下
(リコー)

ARを使用する場合の明るさ調整

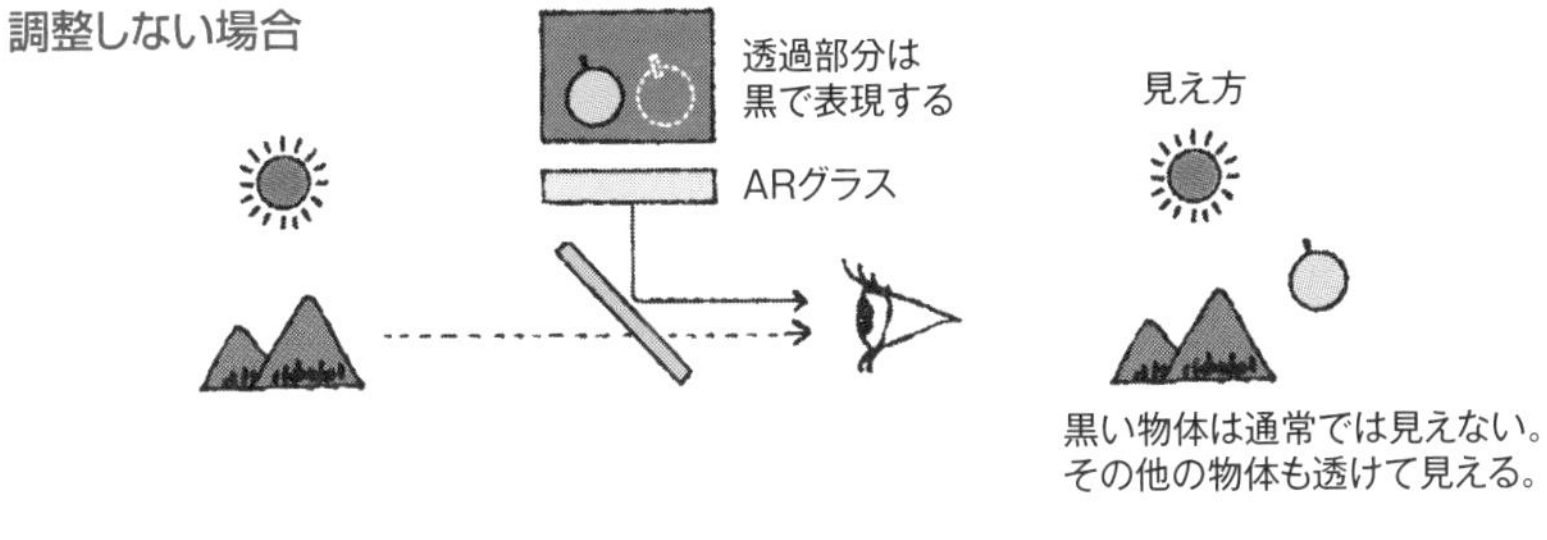
調整しない場合
透過部分は
黒で表現する
ARグラス
見え方
黒い物体は通常では見えない。
その他の物体も透けて見える。

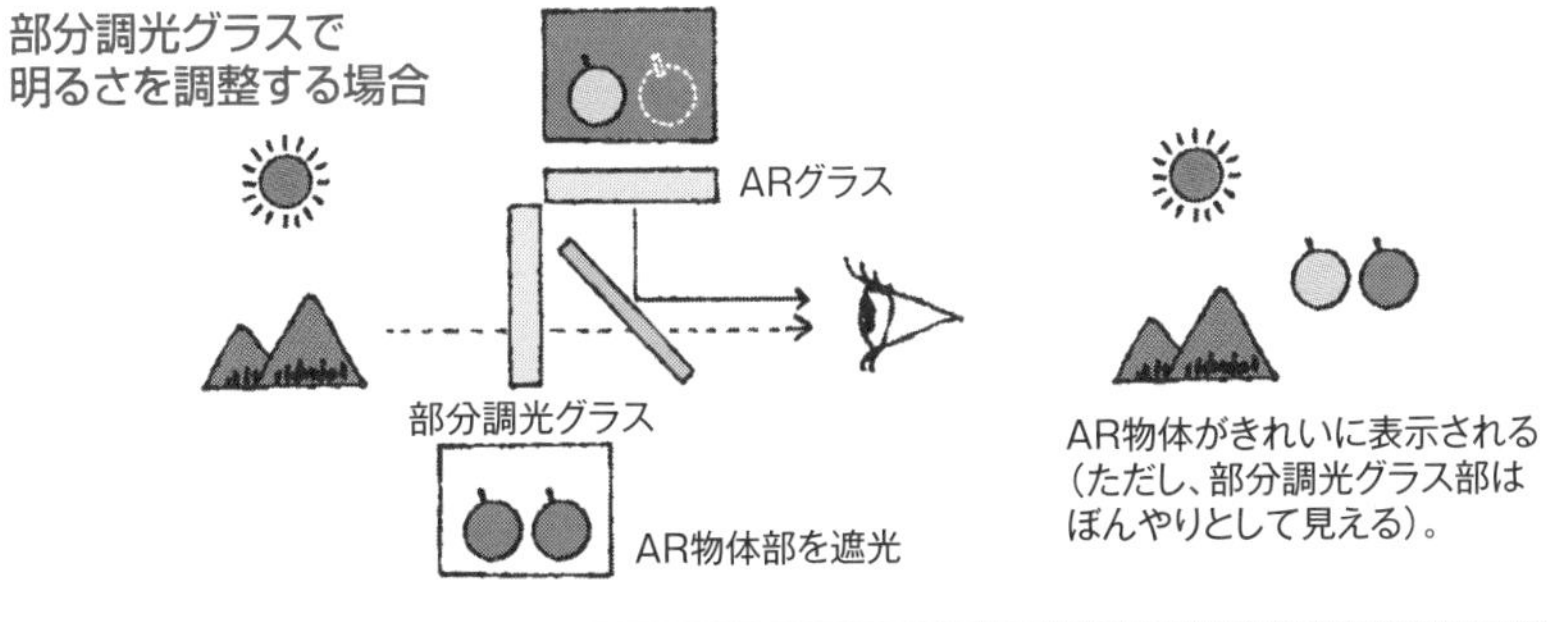
部分調光グラスで
明るさを調整する場合
ARグラス
部分調光グラス
AR物体部を遮光
AR物体がきれいに表示される
(ただし、部分調光グラス部は
ぼんやりとして見える)。

Column

ウェアラブルとNPO

日本では、ウェアラブルの研究開発や普及啓蒙に向けて活動しているNPO団体があります。2020年7月現在、「ウェアラブル」という言葉を含むNPO（特定非営利活動法人）は3つあり（内閣府NPOホームページで検索）、それぞれが活動を行っています。

NPOウェアラブル環境情報ネット推進機構（WIN）は、東京大学教授（設立時、現在は名誉教授）の板生清氏が2000年に設立した団体です。ウェアラブル・インフォメーション・ネットワークに関する技術・サービスの研究・開発・振興を行うことで、本技術の保健・医療・福祉の推進、環境保全、防災などに関する事業を発展させ、より豊かで充実した社会づくりに寄与することを目的とします。長年にわたる活動の中で、ウェアラブル技術の普及啓発に貢献すると同時に、ウェアラブルネッククーラーなど独自のウェアラブルデバイスの研究開発も進めてきました。

NPOウェアラブルコンピュータ研究開発機構は、在阪のベンチャー企業などを中心として2004年に設立されたもので、ヘッドマウントディスプレイの利活用を中心に活動を行っています。ウェアラブル産業界の人たちの交流の場として、月1回程度のペースで勉強会を行っています。またYouTube配信（※）も行っており、ウェアラブルの時代の到来に向け、啓発活動に積極的な団体です。

NPO日本ウェアラブルデバイスユーザー会（WUG）は、ソフトウェア開発関連のメンバーで2016年に設立したものです。ウェアラブルデバイスに関わるユーザー、技術研究者または開発者に対して、ウェアラブルデバイスによる新しい様々な体験を振興し、様々な情報共有に関する事業を行い、日本国内のウェアラブルデバイス振興に貢献することを目的としています。年に数回の勉強会を開催しています。

ウェアラブル産業の進展には業界にまたがる活動が必須です。最新の情報を得るためにも、興味をお持ちの方はこれらのNPO団体に参加されることをお勧めします。

（※）ウェアラブルチャンネル:https://www.youtube.com/channel/UCA2MKr5OFn-ZuxeKUbSfbcw

第5章

ウェアラブルを支える技術

30 人間を対象にしたセンサ

行動認識や感情の推定、医療への利用まで幅広く

ウェアラブルコンピューティングの大きなメリットの一つに、身体情報の常時取得（モニタリング）があります。ウェアラブルは人の動きや体調、行動などを詳細に記録するライフロギングの実現に必要な要素技術であり、人工知能などと組み合わせるとユーザについてより多くのことがわかるようになるかもしれません。センサは、身体情報を検知するために必要です。

よく使われるものの一つが加速度センサです。身体のさまざまな部分の動きを知ることができ、歩数、活動量、歩容、衝撃、姿勢などがわかります。体に装着した加速度、角速度センサの値から行動認識を行うという研究も盛んです（36項）。

次によく使われているのが心拍センサです。腕時計型デバイスでも心拍数は取れますが、貼り付け型のセンサであれば血管のある体のどの部位でも測定できます。拍の間隔は一定ではなく少しゆらいでおり、このゆらぎ（R-R間隔）から交感神経・副交感神経の働きを知ることができます（8項）。ユーザがどれくらい落ち着いているか、あるいは緊張しているかがわかります。

最近非常に注目されているのが血糖値センサです。Abotto（米）のFree Style Libreという製品は、体に500円玉サイズの機器を貼り付け、機器の裏の糸のような「針」を刺して、血糖値（※）を2週間にわたりモニタリングできるようにしています。日本でも2017年から認可され保険適用もされています。体に刺す侵襲型のものですので「ウェアラブル」という形態からは少し逸脱しますが、長期間にわたり血糖値をモニタリングできることは糖尿病患者の生活管理には非常に有用です。

ほかにも、血圧、体温、血中酸素濃度、脳波、呼吸、睡眠などをウェアラブルデバイスでモニタリングすることが可能です。脳波についてはノイズが多く、特に動いているときには計測できないという問題があり、まだ実用レベルではありません。今後、精度の向上と活用事例の増加が期待されるところです。

要点BOX

- 身体情報の取得にセンサは欠かせない
- 加速度、心拍、血糖値センサなどがある
- 脳波は精度向上が実用化へのカギ

加速度センサ

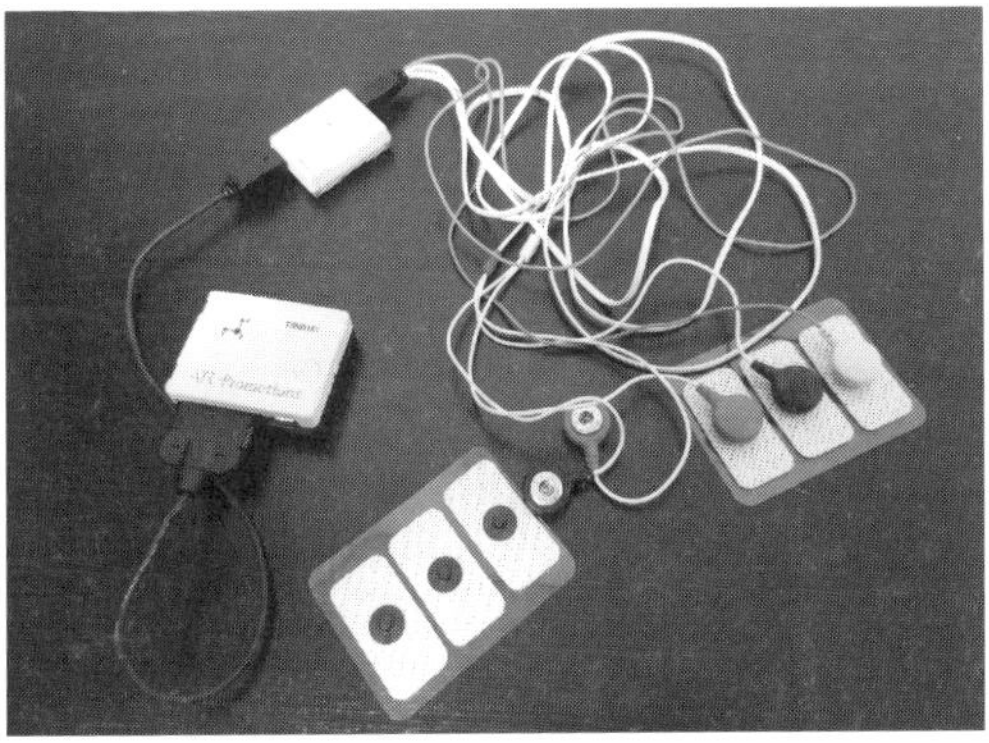

血糖値センサ

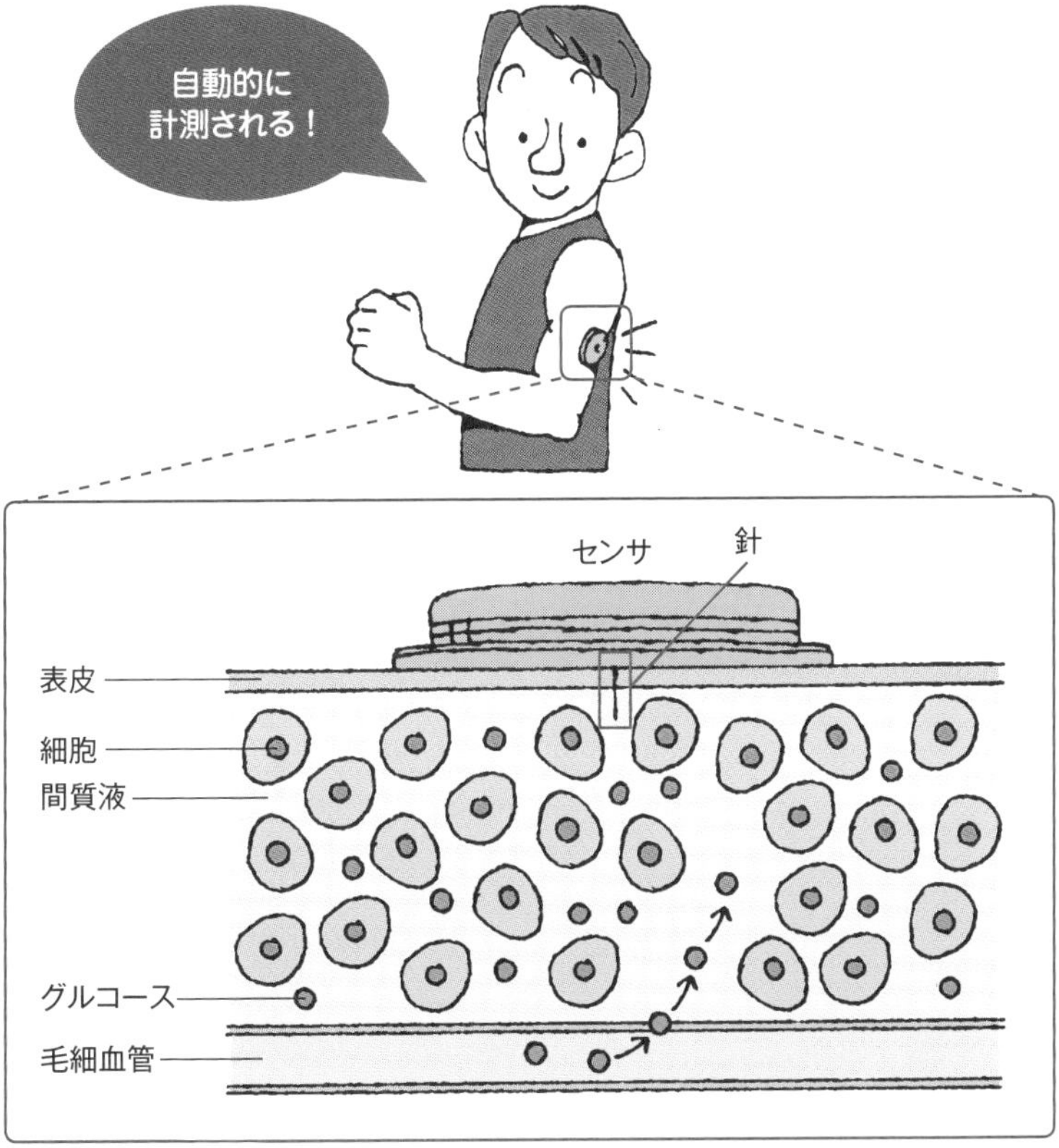

(※)正確には、間質液中のグルコース濃度を計測しています。

31 周囲の環境を測定するセンサ

環境に応じた行動の指針になる

ウェアラブルセンサでユーザの周りの状況をセンシングすることは、ユーザが状況に合わせて行動を決定する上で有用です。システムが周りの状況をセンシングし、必要に応じてそれをユーザに適切に知らせることができれば、私たちの日常生活や業務はより安全で快適かつ楽しいものになるでしょう。また、ライフロギングを行う上でも有用です。ウェアラブルカメラは33項で、SLAM（Simultaneous Localization and Mapping）は35項で解説しますので、以下ではそれ以外のセンサについて解説します。

ウェアラブルデバイス商品に組み込まれているものとして、よく見かけるのが紫外線センサです。ペンダントや指輪に内蔵したセンサで紫外線量を検出してスマートフォンに送り、一定値以上になるとユーザに通知するのが典型的な動作です。美容や健康管理に有用とされています。日常生活に関連するものとしてはPM2・5や花粉などのセンサがあります。ウェアラブルデバイスから警告が出れば、ユーザが対処することができて有用でしょう。

業務用ではガスセンサや放射線センサがよく使われています。有毒ガスやCO_2の濃度を測定するセンサがあり、危険時にはユーザに通知します。放射線量を測定するデバイス（ガイガーカウンター）もウェアラブル型のものが使われるようになってきています。ウェアラブル型にすることによってハンズフリーで機器が利用でき、空いた両手で作業が行えます。

日常生活、業務用を問わず、温湿度のセンシングも有用です。ユーザの帽子や傘の情報が共有できれば、地点ごとの天気がリアルタイムでわかることになります。車のワイパー使用情報の共有で同様のことをする技術はクラウドセンシングと呼ばれ、ウェアラブル以外では、既に使われ始めています。GPSも最もメジャーなセンサの一つです。インターネット上の地図と組み合わせて、交通や施設などにかかわる自己位置の周辺情報を知ることができ、情報提示やライフログに使われています。

要点BOX

- ●周囲の状況について通知が届く
- ●紫外線、ガス、CO_2、放射線濃度などを計測
- ●情報共有で、ある地点の最新の情報がわかる

周囲の環境をモニタリング

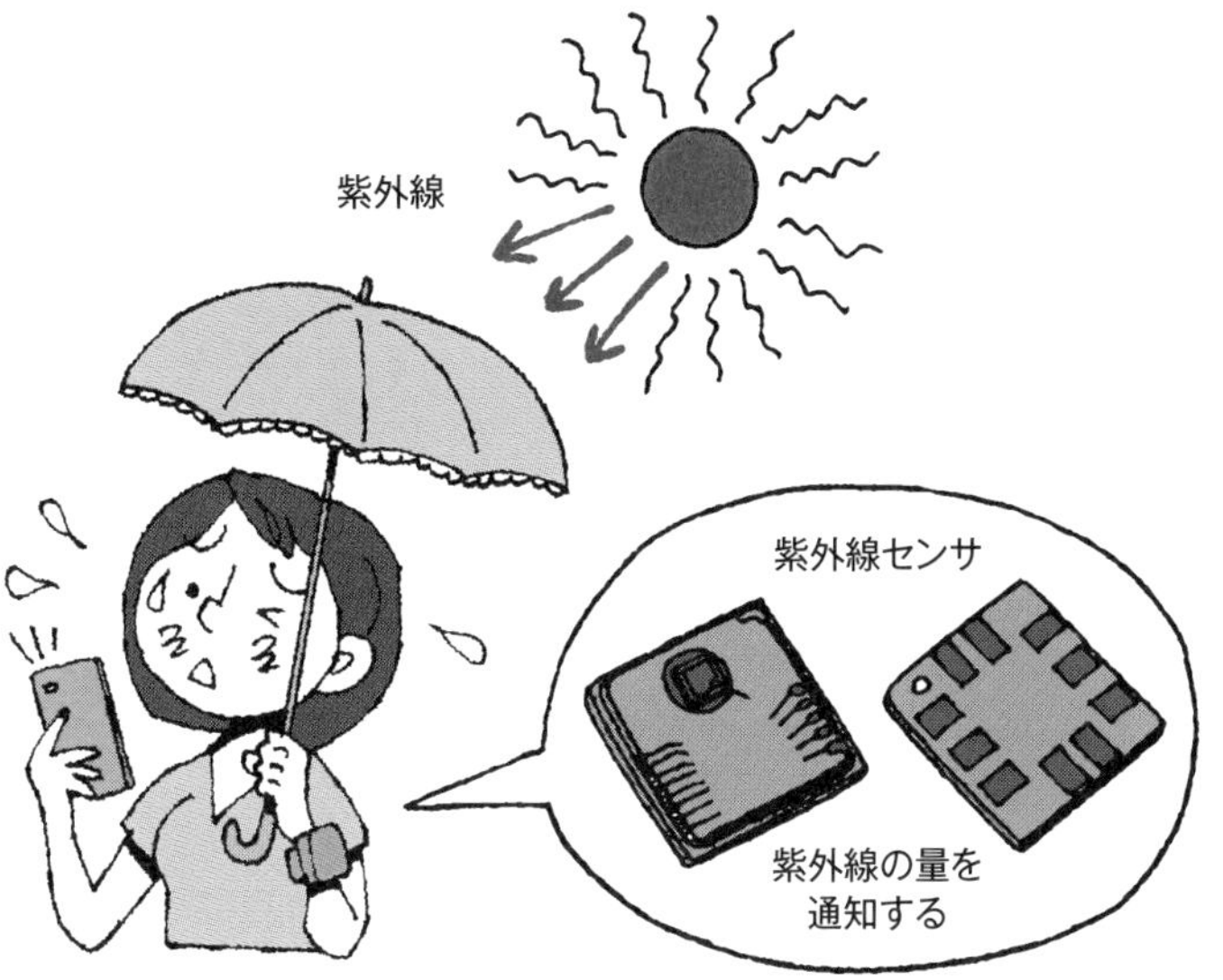

リストバンド内蔵のセンサで紫外線を測定。スマートフォンにデータを送り、「紫外線が強くなってきたので日傘をさしましょう」などのアラートを表示する。

ハンズフリーで情報が伝わる

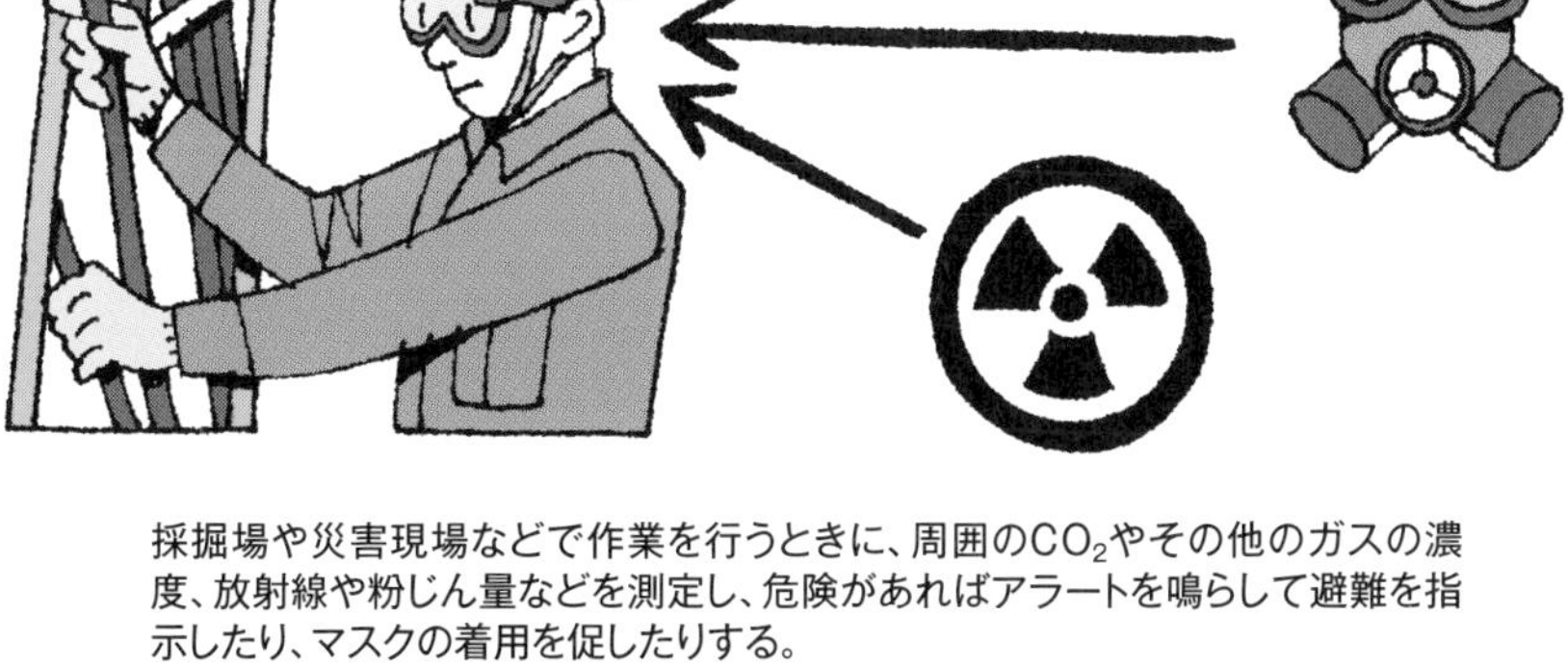

採掘場や災害現場などで作業を行うときに、周囲のCO_2やその他のガスの濃度、放射線や粉じん量などを測定し、危険があればアラートを鳴らして避難を指示したり、マスクの着用を促したりする。

32 電気を通す糸と布

着るデバイスに欠かせない導電性繊維

通常の繊維は絶縁体ですが、特殊な材料や加工により導電性を持たせた繊維があります。導電性繊維を加工して作った糸を導電糸、導電糸で編んだ布を導電布といいます。もともとは特殊工場などでの静電気防止やほこり付着の防止、オフィス環境での電磁波シールドのためなどに用いられてきましたが、手袋の指先に導電性繊維を用いてスマートフォンの操作をできるようにしたものもポピュラーになっています。最近このような導電性繊維を用いて、衣服などに電子機能を持たせてウエアラブルデバイスとして利用するケースが増えています。

通常の電子機器に使われる電子基板は固く変形しないものですが、柔軟性が必要な個所ではフレキシブルなプラスチック素材が用いられています。身体に装着するにはさらに伸び縮みなどの柔軟性が求められ、そこに導電布が用いられます。つまり、絶縁体の布の一部に導電糸や導電布で回路を描くことができるのです。服のいくつかの部分にセンサやLEDなどをつけた場合にその間を配線するのに便利です。

また、伸び縮みしたときに抵抗値が変わるため、体に巻いた伸縮性の導電布で伸縮量を計測できます。腹囲や腕、太もも、ひじなどを計測して、食事や運動、姿勢などを計測する研究が行われています。

この分野をリードする取り組みとして、京都で西陣織の帯工場として創業したミツフジが、銀めっきを用いた導電糸とそれを電極として編み込んだスマートウェアを開発し、着用者の心電・心拍をセンシングして体の状態を可視化する事業「hamon」（ハモン）を始めています。hamonは、センサとしての役目を果たす導電糸が編み込まれた衣服を用いて、従業員の熱中症対策、ストレス・眠気管理、生産性向上、幼児の体調管理、高齢者の転倒検出など、社会や企業が抱える課題を解決する取り組みです。連続した生体データの常時モニタリング、精緻な生体データの解析を行うことで実現しています。

要点BOX

●導電性を持つ導電糸とそれを編んだ導電布
●布の一部に導電糸（布）を使い、回路を描ける
●衣服に編みこみ、生体情報を取得する

導電糸と導電布

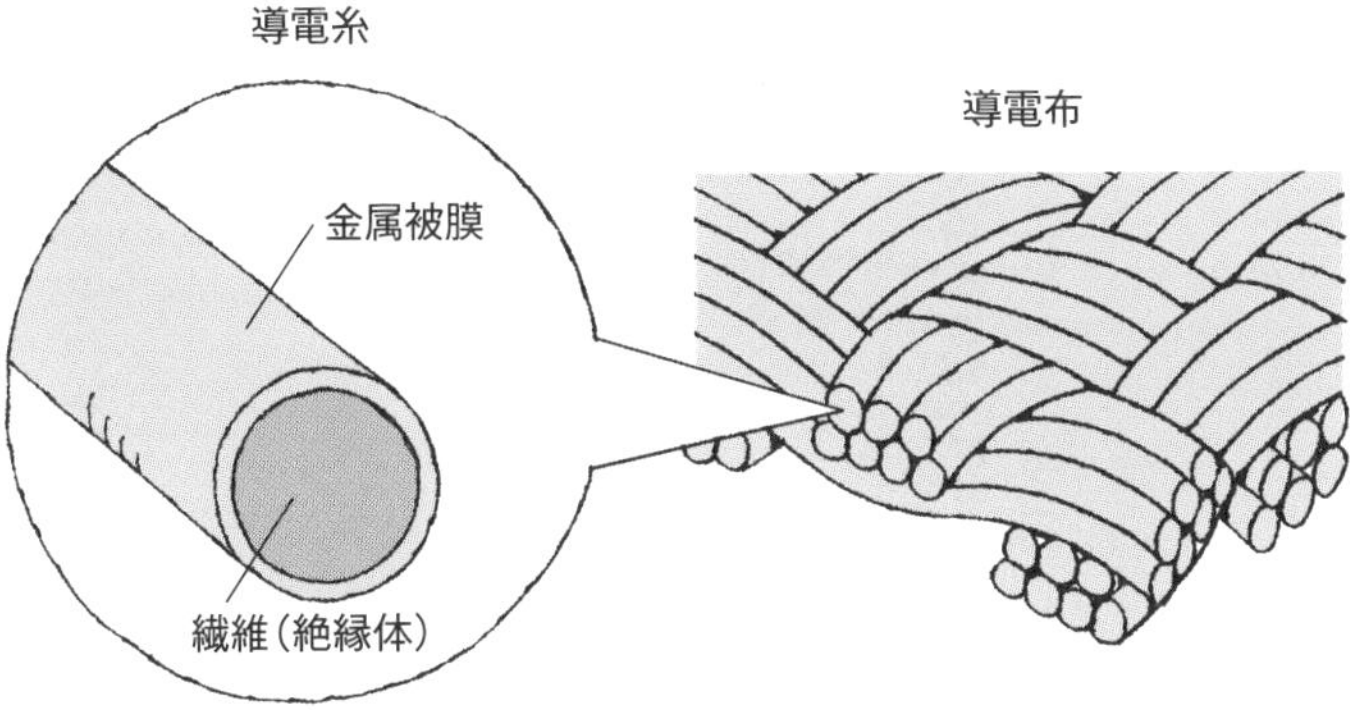

繊維に導電被膜をつけることで導電糸を作り、導電糸を編みこむことで導電布ができる。被膜の厚さで一定の抵抗を持たせられる。

導電性繊維を用いたウェアラブル

（ミツフジ）

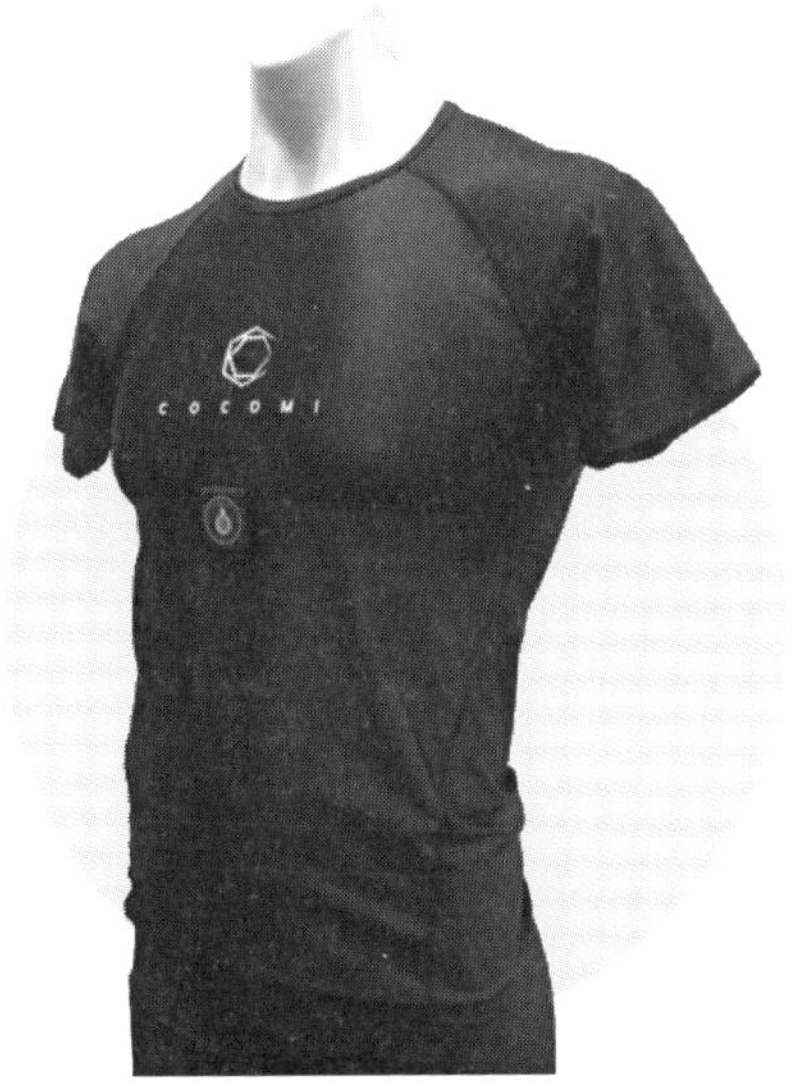

（東洋紡）

導電繊維とデバイスを服に備えているため、体に密着した状態で常時生体センシングが行える。

33 ウェアラブルの要となるカメラ

社会での合意形成が発展の鍵を握る

ウェアラブルカメラはウェアラブルデバイスの中でももっともポピュラーなもののひとつです。人間は五感のうち視覚がもっとも発達していますが、それは、実世界をとらえるのに最適だったからでしょう。コンピュータにとっても同じです。カメラは視覚情報を取り込み、多くの有用な情報を得られます。

Woodman Labs（米）のGoProを筆頭とするアクションカメラは、小型・軽量かつ広角でユーザの活動をビデオ録画するカメラで、ヘルメットマウントや頭部マウント、チェストマウントなどのアクセサリーが充実しています。一方で、メガネ型やクリップ型、ペンダント型のカメラなどウェアラブル専用のデバイスも多数販売されています。

また、スマートグラスやHMDにはカメラを搭載しているものが多くあります。54項で解説するように、カメラを用いた遠隔作業支援は業務用のキラーアプリケーションの一つです。また、64項で述べるように、カメラ映像から人工知能で物体や人物を認識することは今後ますます応用例が増え、35項で解説する、SLAMによる3次元形状の認識もまた人間の行動におけるもっとも重要な機能の一つです。日常生活では定期的あるいは重要時点においてカメラで撮影すれば、ライフログが作成できます。事故やトラブルがあったときにその直前の動画を保存する機能があれば、自分の正当性を主張するのに有効です。このような使い方はフォレンジックコンピューティングと呼ばれ、対人的な活動を主とする業務においては今後必須のものになるかもしれません。

一方で、2012年に開発者向けに発売されたGoogle Glassが、2015年にいったん販売中止となった主な理由がカメラであったともいわれています。町の中や日常生活でカメラをつけたスマートグラスを装着することが、敬遠された理由でした。これはプライバシーにかかわる問題であり、ウェアラブルの本質にかかわる社会問題として、利用方法についてのコンセンサスを得ることと、社会自体の変化が必要です。

要点BOX

- アクセサリーやウェアラブル専用デバイスが充実
- 遠隔作業支援や対人業務での記録に効果を発揮
- プライバシーに関して、社会的コンセンサスが必要

アクションカメラの装着と利用シーン

ダイナミックなスポーツシーンを一人称視点でとらえることができる。

カメラ搭載スマートグラスの活用

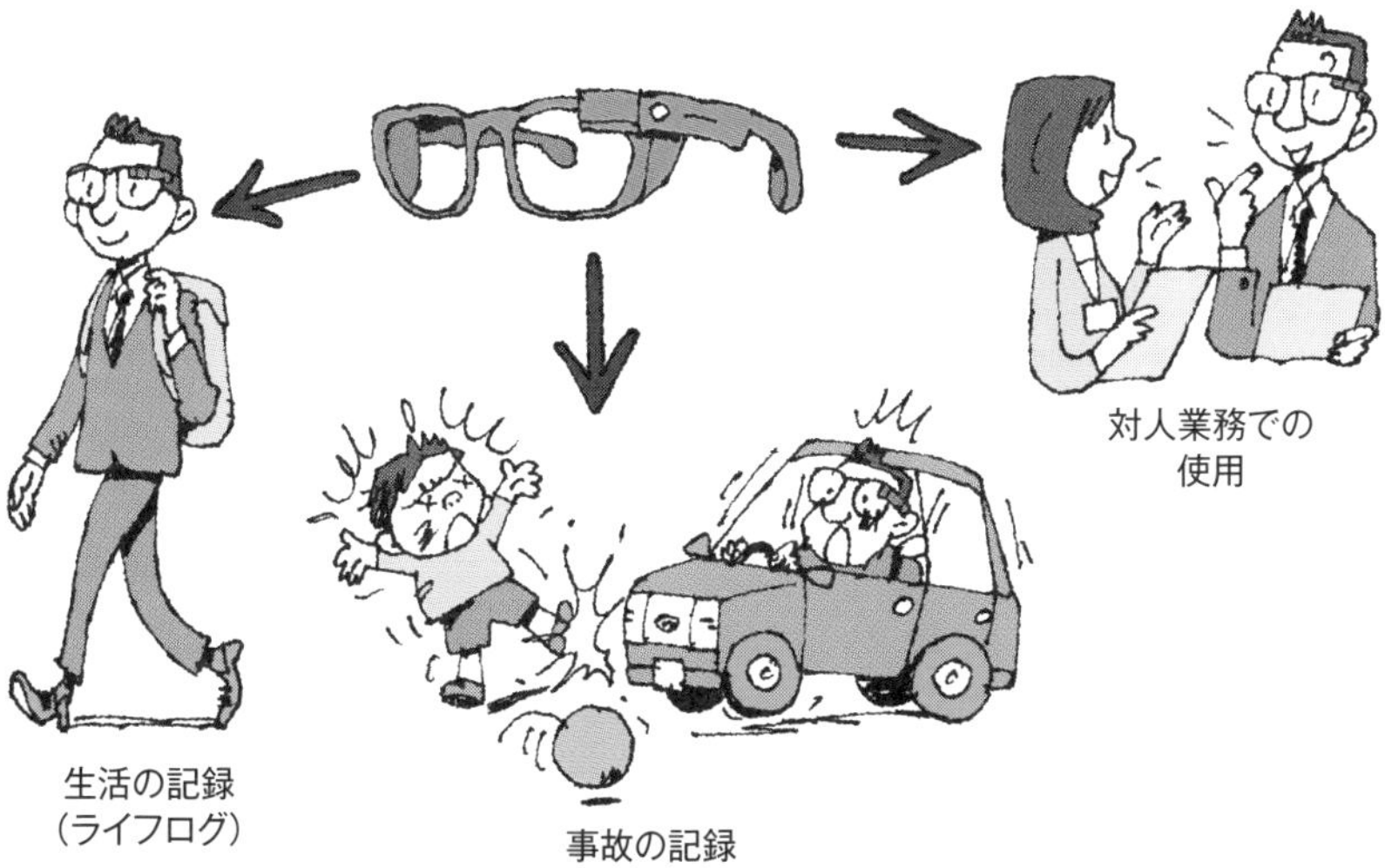

ドライブレコーダーのように、ユーザの行動をいざという時のために記録できる。

34 計算能力を左右するプロセッサ

汎用品から専用品へ

ウェアラブルコンピュータが高度な計算を行うためには高性能のプロセッサが必要です。通信機能を用いてスマートフォンやクラウドで計算することも可能ですが、ARや翻訳など小ディレイが求められるアプリケーションでは、できる限りウェアラブルデバイス自体のプロセッサで計算する必要があります。データを送るだけでデバイスでの処理がほとんど必要ない場合は、通信チップの中に組み込まれているマイコンで十分に機能を果たせます。しかし、デバイス内での複雑な処理が必要な場合にはアプリケーションプロセッサを別に搭載する必要があります。

スマートウォッチの場合、従来、低性能な汎用マイコンチップが使われていましたが、ここ数年は専用プロセッサが出ています。QualcommのSnapdragon WearシリーズやAppleのSシリーズはスマートウォッチ専用のプロセッサで、低消費電力でスリープ時にも歩数をカウントでき、ワンアクションでウエイクアップするなど、スマートウォッチに必要な機能が組み込まれています。

スマートグラスは、長らく専用のプロセッサがなく、メーカーは良いプロセッサを求めて苦しんできました。Google Glassが現れた2012年ごろは機能豊富で高性能なTI（Texas Instruments）のOMAP4がよく使われていましたが、その後TIの方向転換により使えなくなってしまい、IntelのAtomが使われるようになりました。その後Intelがこの分野から撤退し、Qualcommのスマートフォン用のチップが使われるようになりました。最近はQualcommがXRシリーズというスマートグラスに特化したプロセッサを製造しているため、それを用いるケースが増えています。XRの現行バージョンであるXR2では7台のカメラをサポートするなど、ARアプリケーションをターゲットとした専用設計がなされています。

どのような設計にするかによって、デバイスの性能とバッテリの持ちが大きく変わってきます。今後、スマホと同様、プロセッサメーカーがこの分野の主導権を握っていくことが想定されます。

要点BOX

- 高度な計算や小ディレイが求められる時に利用
- ウェアラブルの専用プロセッサが登場している
- デバイスの性能やバッテリの持ちに影響

腕時計型デバイスのブロック図

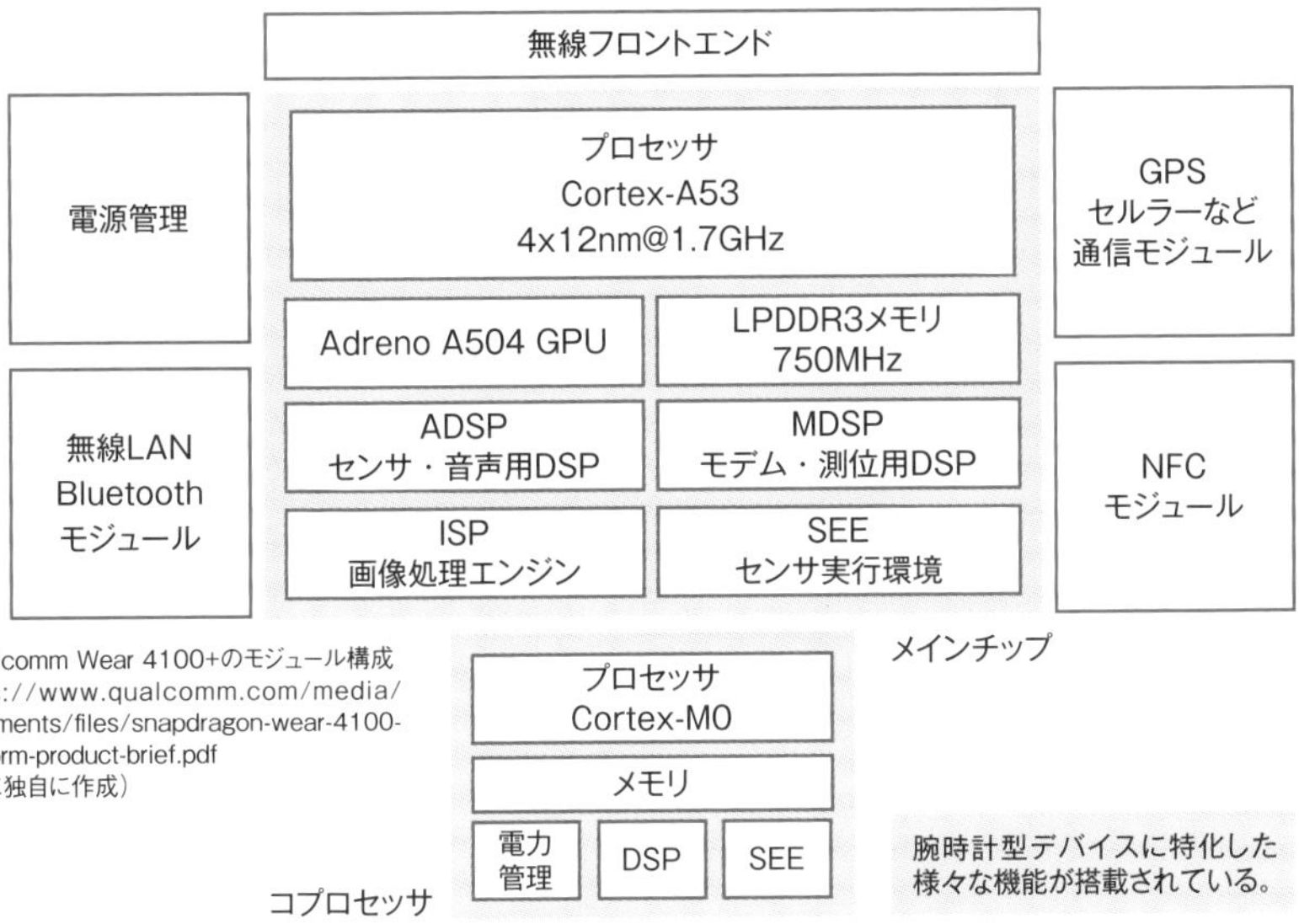

（Qualcomm Wear 4100+のモジュール構成
https://www.qualcomm.com/media/documents/files/snapdragon-wear-4100-platform-product-brief.pdf
を基に独自に作成）

眼鏡型デバイスのブロック図

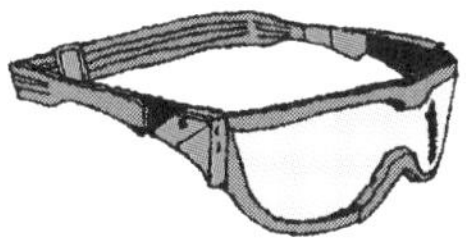

Qualcomm XR1のブロック図
https://www.legitreviews.com/snapdragon-xr1-qualcomm-creates-dedicated-soc-for-xr_205730 をもとに、
後継バージョンであるXR2の機能を書き入れたもの

35 AR物体の表示に欠かせないSLAM

自動運転などにも使われる技術

SLAM（Simultaneous Localization and Mapping）とは、周辺の3次元モデリングと自己位置推定を同時に行うことを意味します。SLAMは一般的に、カメラから実世界の様々な物体への距離を高速かつ連続で取得することによって3次元モデルを生成します。距離を測定する技術的な手法として、カメラを用いるビジュアルSLAMとレーザーを用いるLiDAR（ライダー）SLAMの二種類がよく用いられています。

ビジュアルSLAMは、広角カメラ、魚眼カメラ、全天球カメラ（360度カメラ）などの単眼カメラを用いる場合、ステレオカメラ、マルチカメラなどの複眼カメラを用いる場合、深度カメラを用いる場合などがあります。アルゴリズムとしては、画像特徴点を用いる手法（PTAMやORB-SLAM）や画像の輝度を使った手法（DTAM、LSD-SLAM、DSO、SVOなど）がよく知られています。

LiDAR SLAMでは、レーザを発してその反射光を計測することで距離を測ります。それをさまざまな方向に対して行い、空間中の点群を計測します。その点群を連続的に計測することで3次元モデルを作ります。その点群のマッチングにはICP（Iterative Closest Point）アルゴリズムやNDT（Normal Distributions Transform）アルゴリズムが知られています。

SLAMは車の自動運転、ロボットやドローンの自律移動に用いられていますが、ウェアラブルではAR（Augmented Reality）のために用いられます。SLAMで得られた実世界モデルの中にコンピュータで生成されたCG物体を配置するために、実世界のモデルとそれに対するカメラの位置を特定するのです。目の前にある机の上で、CGのキャラクターが踊ったり、机の上に置いた箱の上にそれが乗ったりすることを精度良く実現できるようになります。CG物体と実物体のどちらが手前にあるかによってCG物体の一部を隠すこと（オクルージョン）も必要になります。ARについては61項で詳しく解説します。

要点BOX

- ●3次元モデリングと自己位置推定を同時に行う
- ●ビジュアルSLAMとLiDARSLAMに分けられる
- ●ARでCG物体をうまく配置するために利用

ビジュアルSLAMの仕組み

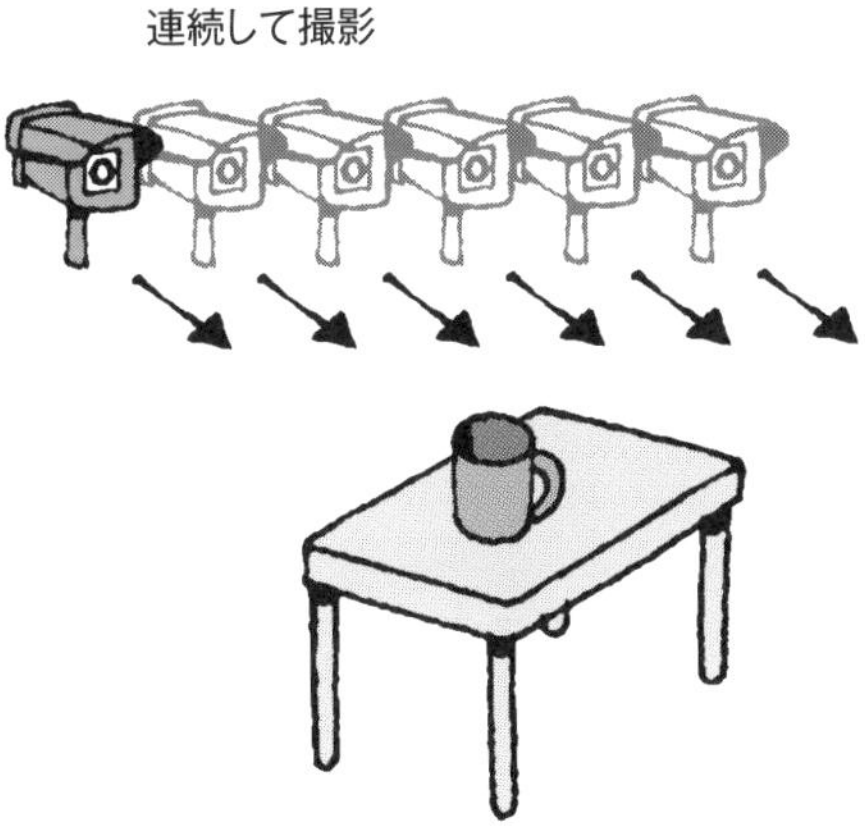

LiDAR SLAMの仕組み

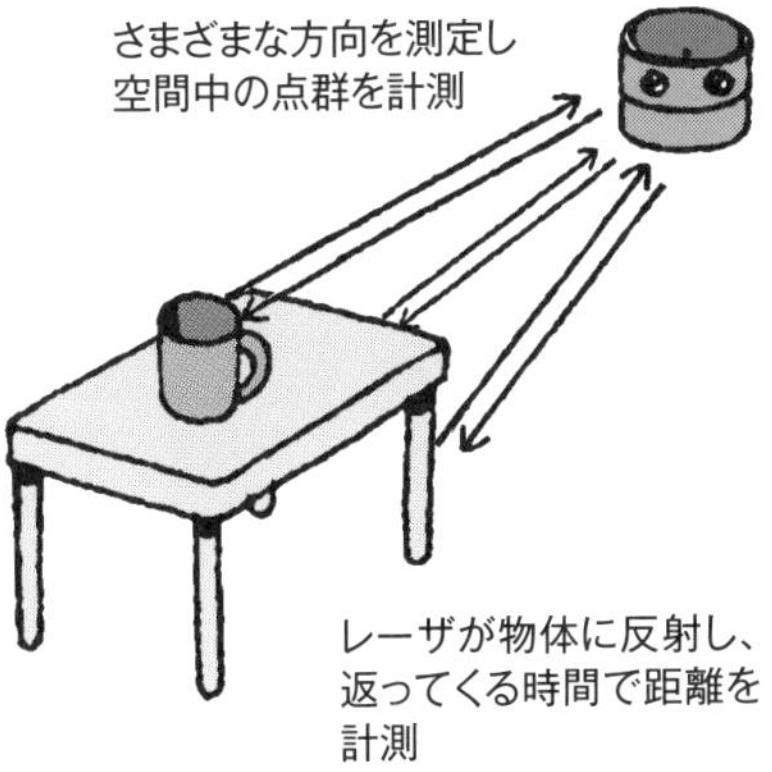

ARでの表示の様子

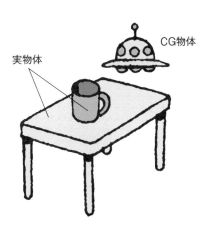

SLAMで実世界のモデルとカメラの位置を特定し、CG物体を表示させる。
実物体の向こう側にあるCG物体の一部を消す技術（オクルージョン）も研究されている。

36 人の行動をどのように推測するか

センサの情報を正しく読みとるために

　行動センシングとは、加速度センサやマイクなどから得られる情報を用いて、ユーザの日常行動を観測し、認識することを言います。スマートフォンを用いた研究が多く行われており、「歩く」「走る」「座る」「階段を上る・降りる」などの身体の動きを伴う行動を高精度で認識できるようになってきています。このような行動情報はライフログや高齢者の見守りなどに利用されます。

　もっともよく用いられているのが、歩数と運動量の推定です。1日の歩数および運動量は加速度センサのデータ処理によって行われます。このようなセンシングは数Hzから100Hz程度の3軸の加速度データをもとに行います。加速度の平均値や分散値、あるいはニューラルネットワーク、KNN、SVM、NaiveBayesなどの識別木を用いて認識を行います。最近は複数の識別器を生成して多数決で識別を行うランダムフォレストがよく使われています。実験室レベルでは20種類以上の行動を98%の精度で識別できるという報告が多いのですが、実際の環境では70%以下になってしまいます。

　行動の推定は加速度センサだけでもある程度可能ですが、運動量の推定では、心拍数の情報を加えるとより精度が上がります。手だけを激しく動かしている場合と全身運動している場合を比較すると、後者のほうが運動量は多くても前者のほうが大きな加速度が連続的に検出される可能性があります。心拍数は運動量とも関連して増減するので、その情報を加味することで、より正確な運動量が推定できるのです。また、睡眠の推定においても加速度と心拍数を組み合わせるケースが多いようです。ただし、レム睡眠、ノンレム睡眠の判別においては、体動の有無が関連するので、加速度センサの値が用いられる場合があります。

　体温や温湿度、におい、血圧、血糖値などが取れるようになれば、より詳しい行動センシングが可能になります。これまでに数多くの研究が行われており、実生活でも少しずつ使われるようになりそうです。

要点BOX

- ●加速度センサから得られる情報で行動を認識
- ●加速度データをもとに、歩数と運動量を推定する
- ●センサの情報を増やすと、より正確な推定が可能

運動量推定の流れ

加速度データの収集

↓ 3軸加速度センサを用いてデータを収集

データの分析

↓ 加速度の平均値、分散値
ニューラルネットワーク、KNN、SVM、NaiveBayesなどの識別器で認識

歩数、運動量の推定

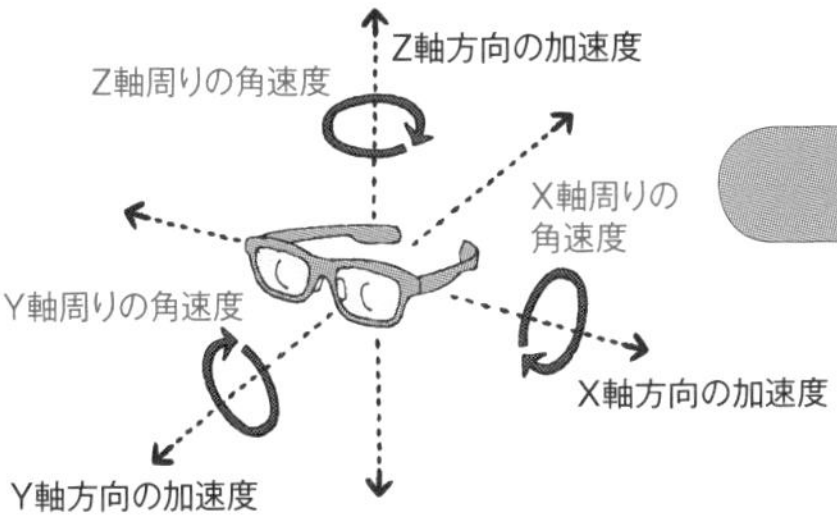

運動量推定の精度を高める

全身運動

手だけ動かす

小 ←	加速度	→ 大
多 ←	心拍数	→ 少

↓

センシングする情報が増えるほど運動量の推定が正確になる

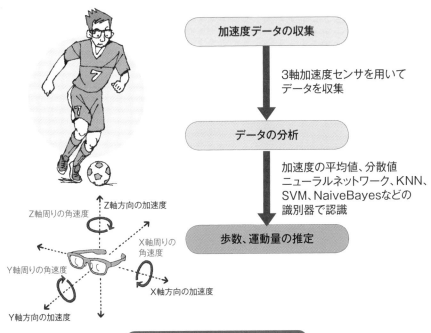

37 長時間触れても安全な材料

人体への影響を考慮した生体適合材料

スマートウォッチやスマートグラス、貼り付け型のデバイスなどは常時肌に密着して使われるため、プラスチックや金属などの素材が人体へ与える影響を考慮する必要があります。とりわけ長期間身体に密着する場合や汗をかく場合、皮膚があれている場合や傷がある場合、つまり体液や血液と長時間にわたり接触する可能性については特に注意が必要です。

生体適合材料とは、長時間生体に接触しても生体への悪影響を及ぼさない材料です。特に人工臓器を作るための研究が盛んにおこなわれています。無毒性、非拒絶反応性、安定性、繰り返しの荷重や衝撃に対する耐久性、耐摩耗性に加え、発癌性がないこと、血液凝固や溶結を起こさないこと、代謝異常を起こさないこと、抽出されないこと、吸着性や沈殿物を生じないことなどが重要とされます。

主な材料としては、金属系、セラミック系、高分子系の三つが知られています。金属系の材料としては、ステンレス、チタン、コバルトークロム系などのものがあり、古くから人工骨や人工関節に用いられています。歯科分野では金や銀の合金が使われています。セラミック系の材料としてはアルミナ、ジルコニアなどが骨などに使われています。高分子系の材料としては天然ゴム、ウレタン、シリコンなどが人工臓器などで古くから用いられてきました。最近は有機高分子材料が血管や皮膚などで使われていますが、まだまだ開発途上です。

さらに、ウェアラブルデバイスの場合は異なる要求事項があります。柔軟性、外気に対する安定性、さまざまな物質との接触に対する無害性、洗濯が可能であることなどです。デバイスを身にまとって作業を行うには、配線の伸縮性や素材の通気性、肌触りの良さなどの素材性能が重要です。また軽量であることも重要です。現在、さまざまな衣料系の素材メーカーが、多様なアイデアや技術によってこれらの課題に取り組んだ製品を作っています。

要点BOX

- ●人工臓器や医療器具に使われている素材
- ●主に金属系、セラミック系、高分子系
- ●ウェアラブルでは特別な要求事項がある

生体適合材料の種類

生体適合材料

- 無毒性
- 非拒絶反応性
- 安定性
- 繰り返しの耐衝撃
- 耐摩耗性
- 発癌性がない
- 血液凝固や溶結を起こさない
- 代謝異常を起こさない
- 抽出されない
- 吸着性や沈殿物を生じない

金属系

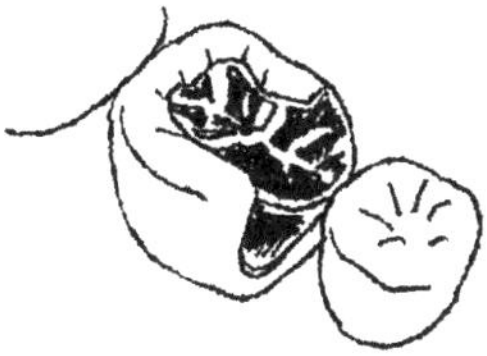

ステンレス
チタン
コバルトークロム系

セラミック系

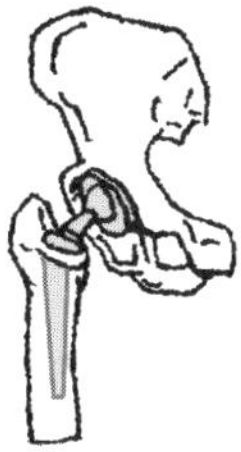

人工股関節

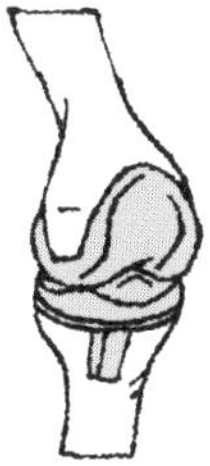

人工膝関節

アルミナ（酸化アルミニウム）
ジルコニア

高分子系

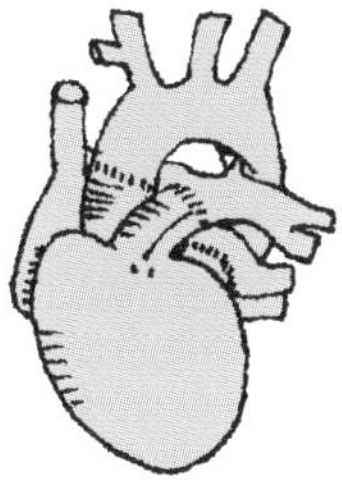

天然ゴム
ウレタン
シリコン

用途によって
必要な材料は
異なります

ウェアラブルの特性に合わせたセンサ

伸縮性の高いセンサ

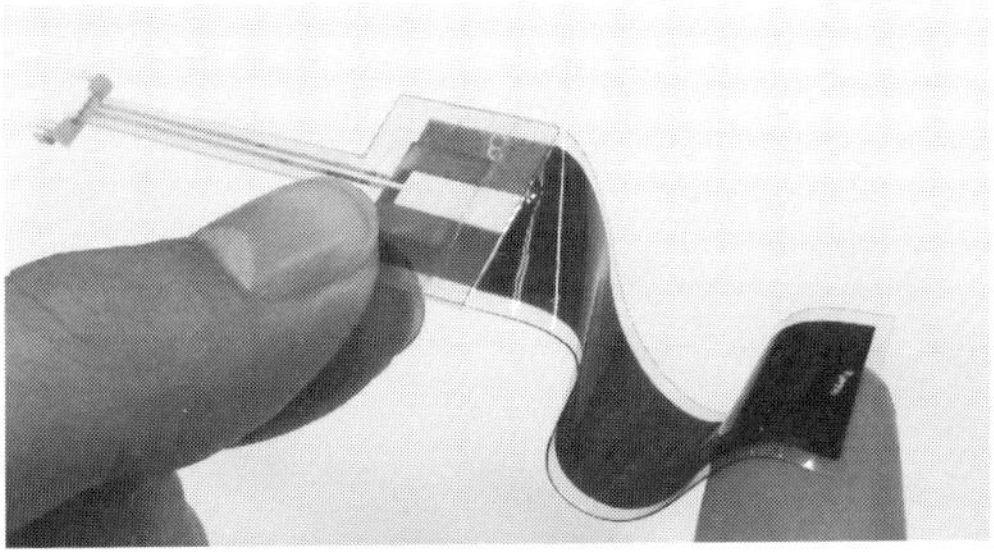

（バンドー化学）

伸縮性、優れているという特性をいかして、ウェア型のデバイスに利用する。

38 デバイスの特徴に合わせたバッテリー

小型、低電力など さまざまな要求がある

バッテリーは、ノートパソコン、ハンディカメラ、デジタルカメラ、携帯電話・スマートフォンなどで用いられ、進化してきました。最近は、大容量化と高出力化が求められ、発熱・発火などの危険に対する安全性に関してはよりシビアな要求がなされるようになってきています。このような傾向は、ドローンやロボット、自動車などの領域でより顕著です。

ウェアラブル分野ではより小型で軽量なバッテリーが求められます。Apple Watchやリストバンド型活動量計、左右独立型のワイヤレスイヤホンなどの市場の立ち上がりに伴い、超小型、超軽量のバッテリーが広く使われるようになってきています。また、小型センサなどのIoT機器においても同じような要求条件があります。このような超小型機器向けのバッテリーとして、古くはボタン電池が用いられてきました。これらは省電力だったため一次電池（使い捨てのもの）が使用されていましたが、新しいウェアラブルデバイスでは同じくらい超小型で、より電気容量を必要とするため、二次電池（充電式のもの）が現れたのです。MicroUSB端子で充電するもののほか、最近は非接触充電のものが増えています。端子があるものは防水性に乏しく、また端子の強度も問題になるため、非接触充電技術の進歩がこの分野を支えているといっても過言ではありません。また、完全ワイヤレスイヤホンでポピュラーなのは、二段階充電です。デバイスを収納するケースがモバイルバッテリーになっており、デバイスは収納時に充電され、ケースは別途MicroUSB端子などを介して充電します。

そのほかにも様々な課題があります。腕時計のベルトに内蔵する場合はフレキシビリティーが重要です。肌に接触する場合は低温やけどの可能性もあるので、発熱に対して非常にシビアな場合があります。万が一機器が破損した場合の安全性、特に水などの液体が入った場合などに発火しないことも重要です。さらに、有毒物質、有害物質の発生、漏洩なども考慮が必要です。

要点BOX

- ●小型かつ軽量な二次電池が求められる
- ●非接触充電技術の進歩がウェアラブルを支える
- ●発熱、発火、有毒・有害物質も考慮が必要

非接触充電

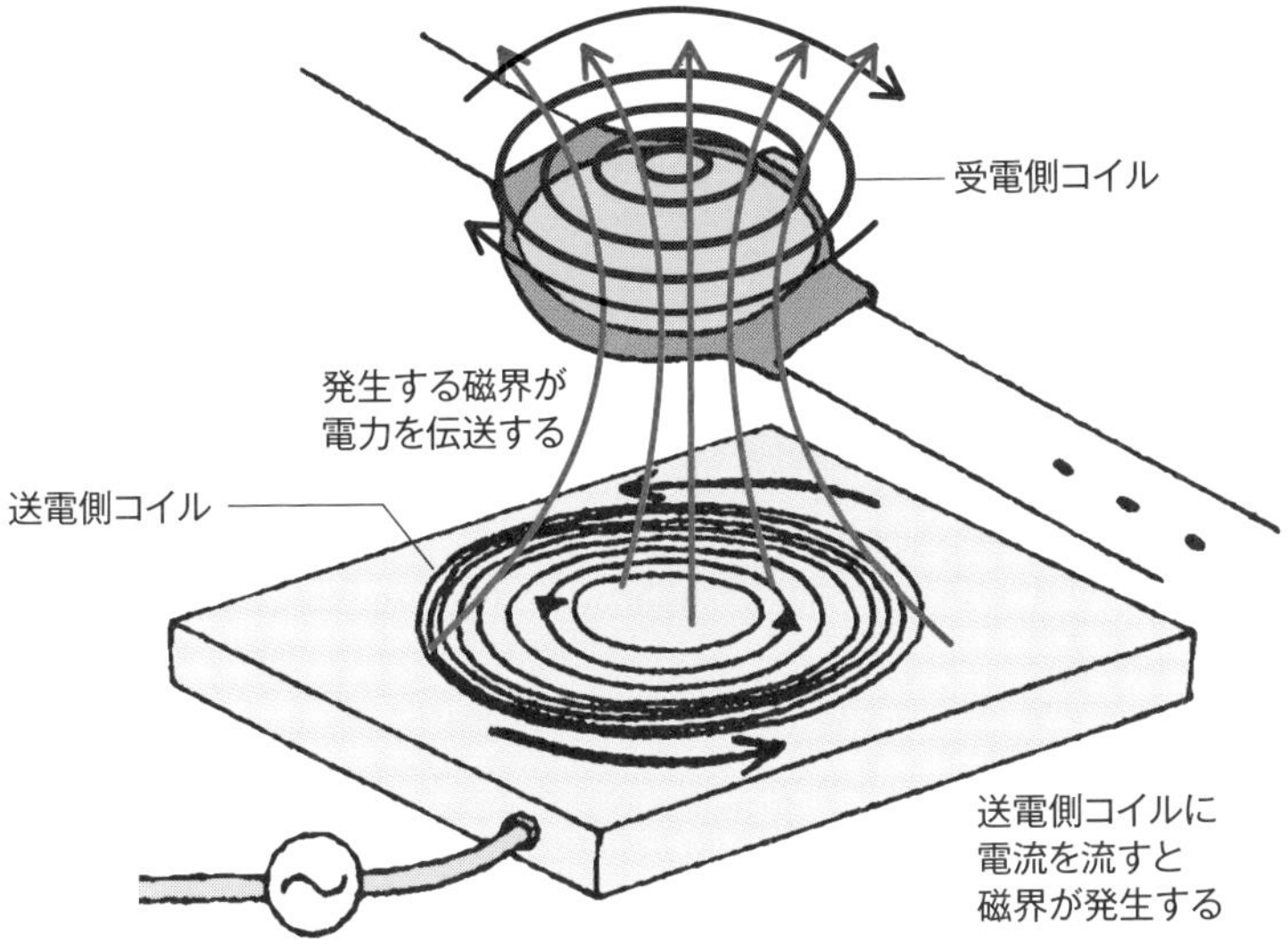
受電側コイル
発生する磁界が
電力を伝送する
送電側コイル
送電側コイルに
電流を流すと
磁界が発生する

非接触充電のための方式の一つ。電磁誘導により電力が非接触で転送できる。

ウェアラブル用の電池

フレキシブルな電池（Air Patch™ Battry）

（マクセル）

材料技術により安全性と長寿命を実現した電池。外装にフレキシブルなラミネート素材を採用しており、肌に直接貼れるヘルスケアパッチなどに適している。

全固体電池

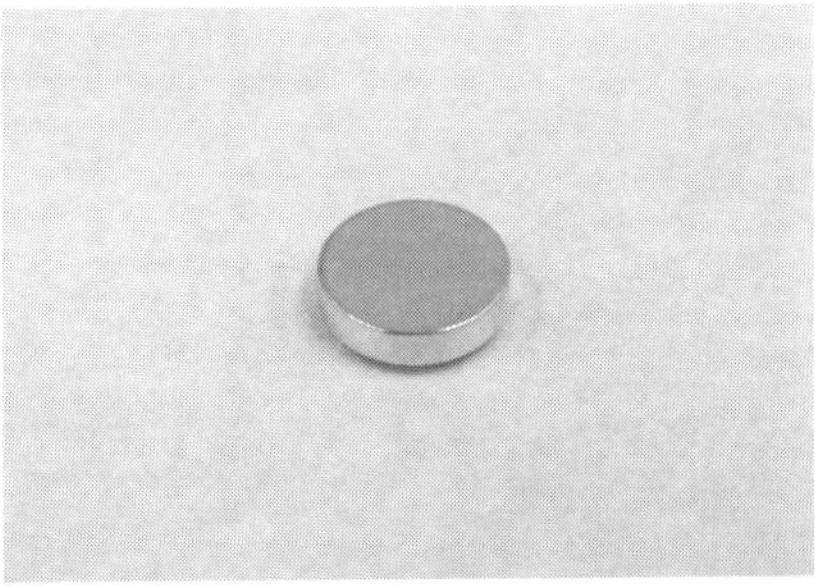

（マクセル）

マクセルで開発中の全固体電池。固体電解質を用いることで安全性を高めている。小型軽量、高い入出力特性と高エネルギー密度、長寿命、耐熱性が特徴で、超小型機器に適している。

39 通信規格は用途にあわせて使い分ける

特徴に応じた4つのカテゴリ

ウェアラブルデバイスで用いられる通信は、高速・低速と近距離・遠距離の2軸、4カテゴリに分けられます。高速通信は主として映像・3Dデータ向けで、低速通信はセンサやメッセージ向けです。近距離通信は室内や身体の届く範囲、遠距離通信は屋外用です。

高速近距離通信方式には、Wi-Fiが広く用いられています。高精細なカメラ映像や大規模なAR空間のデータの通信に適しています。デバイスからLANやスマートフォン、ルータに接続して遠距離通信を行う場合もあります。

高速遠距離通信方式としては、4G(LTE)やWi-MAXなどを用います。5Gではさらなる高速・大容量通信が実現されますので、ARグラス・スマートグラスが5Gのプロモーションに使われています。LANやスマホ、Wi-Fiルータが使えない場合に利用されます。

低速近距離通信方式としてよく用いられるのは、BluetoothやBLEです。ウェアラブルデバイスとスマートフォンの通信に利用されます。他にもANT／ANT+やZigbeeなどがあり、IoTデバイスやホームネットワークなどで使われます。また、肌や体内に着けるデバイス間で用いられる規格として、BAN(Body Area Network)があります。医療機器、健康機器などで使われつつあります。NFCも、持ち物の識別などに有用です。

低速遠距離通信方式としては、LoRaWAN、Sigfox、Wi-SUNなどのLPWA(Low Power Wide Area Network)があります。スマートメーターや施設管理などで使われていますが、ウェアラブルセンサとしても使えます。携帯電話のキャリアを用いたLTE-MやNB-IoTという規格もIoTで広く使われており、医療やスマートメーター、農場などで用いられています。IPv6の軽量版である6LoWPANは、ランニングや子供・老人の見守りなどに有効です。

要点BOX

- ●高速と低速、近距離と長距離で分類される
- ●Wi-Fi、4G・5G、Bluetooth、LPWAなどの規格を用途に応じて使い分ける

通信の分類と利用例

	高速通信	低速通信
近距離 (1～100m)	屋内エンターテインメント ビデオ会議 遠隔作業支援(屋内側) 屋内教育 医療・外科手術	生体センシング(健康・医療) 家電制御 鍵・認証 忘れ物防止 アラート
遠距離 (1km～)	屋外作業支援 広域ARゲーム 野外教育 遠隔医療 災害救助	ランニング時の生体情報取得 子供・老人の追跡

通信の分類と通信規格

	高速通信	低速通信
近距離 (1～100m)	Wi-Fi 4 (2.4/5GHz, 100m, 600Mbps) Wi-Fi 5(5GHz, 100m, 6.9Gbps) Wi-Fi 6(2.4/5GHz, 100m, 9.6Gbps) UWB(7-10GHzほか, 10m, 1Gbps)	Bluetooth(2.4GHz, 10m, 1/3Mbps) BLE(2.4GHz, 10m, 1Mbps) ANT/ANT+(2.4GHz, 15m, 1Mbps) Zigbee(2.4GHzほか, 70m, 250kbps) BAN(2.4GHzほか, 2m, 10Mbps) NFC(13.56MHzほか、極近など、212kbpsほか)
遠距離 (1km～)	5G(6GHz/28GHz, 4Gbps程度) 4G(LTE)(800MHz･3.5GHz近辺ほか、50M-1Gbps) WiMAX 2(2.3, 2.5, 3.3-3.8GHz, 220/440Mbps)	LTE-W(キャリア系375kbps/1Mbps) NB-IoT(キャリア系200kbps) LoRaWAN(15km, 約50kbps) Sigfox(50km, 約100mbps) WiSUN(1km, 約100bps)

40 センサからデータを収集する

デバイスの情報の統合が期待される

リストバンド型活動量計やスマートウォッチなどのウェアラブルデバイスのデータ収集は、多くの場合、企業の独自プロトコルにより行われています。基本的にはスマートフォンかPC経由でクラウド上にデータが蓄えられる場合が多いようです。ウェアラブルデバイスはスマートフォンかPCとBluetoothなどで接続され、その時データが収集されます。そのプロトコルは公開されていないのが通常であるうえ、APIも公開されていない場合が多いのです。そのため、ウェアラブルデバイス提供企業以外の第三者が、そのデバイスやデバイスが備えるセンサを用いたアプリケーションを構築することは、多くの場合困難です。

スマートフォン、PCは通常ウェアラブルデバイスからデータを取得すると即座にクラウドにデータを送り、クラウド側でデータ管理が行われます。クラウド上のデータはWebか専用アプリで見ることができるようになっています。クラウド上のデータに対しては専用のAPIが提供されている場合もあり、APIを用いてアプリケーションを作ることができます。業務用のシステムではいくつかのオープンな取り組みがあります。例えば、EnOceanはシーメンスのデータ収集プロトコルで、主として工場のIoTで用いられています。

ウェアラブルデバイスの情報を統合することにより、ライフログや生活コンシェルジュなどの生活情報全般にわたる民生用アプリケーションや、業務全般にわたるデータ管理が行えるようになります。現状は独自プロトコル、専用アプリケーションによるサポートが中心ですが、将来的にはオープンな統合型のシステム構築が望まれています。オープンなデータ収集を行うには、RESTと呼ばれるHTTP+JSONというやり方か、MQTT(Message Queuing Telemetry Transport)というライトウェイトなやり方がポピュラーです。MQTTは広くオープンに用いられているパブサブ型のデータ収集プロトコルで、多くの実装が広まっています。

要点BOX

- ●業務用では一部、オープンな取り組みもある
- ●オープンなデータ収集には、HTTP+JSONやMQTTを利用

ウェアラブルセンシングのための通信プロトコル(HTTP+JSON)

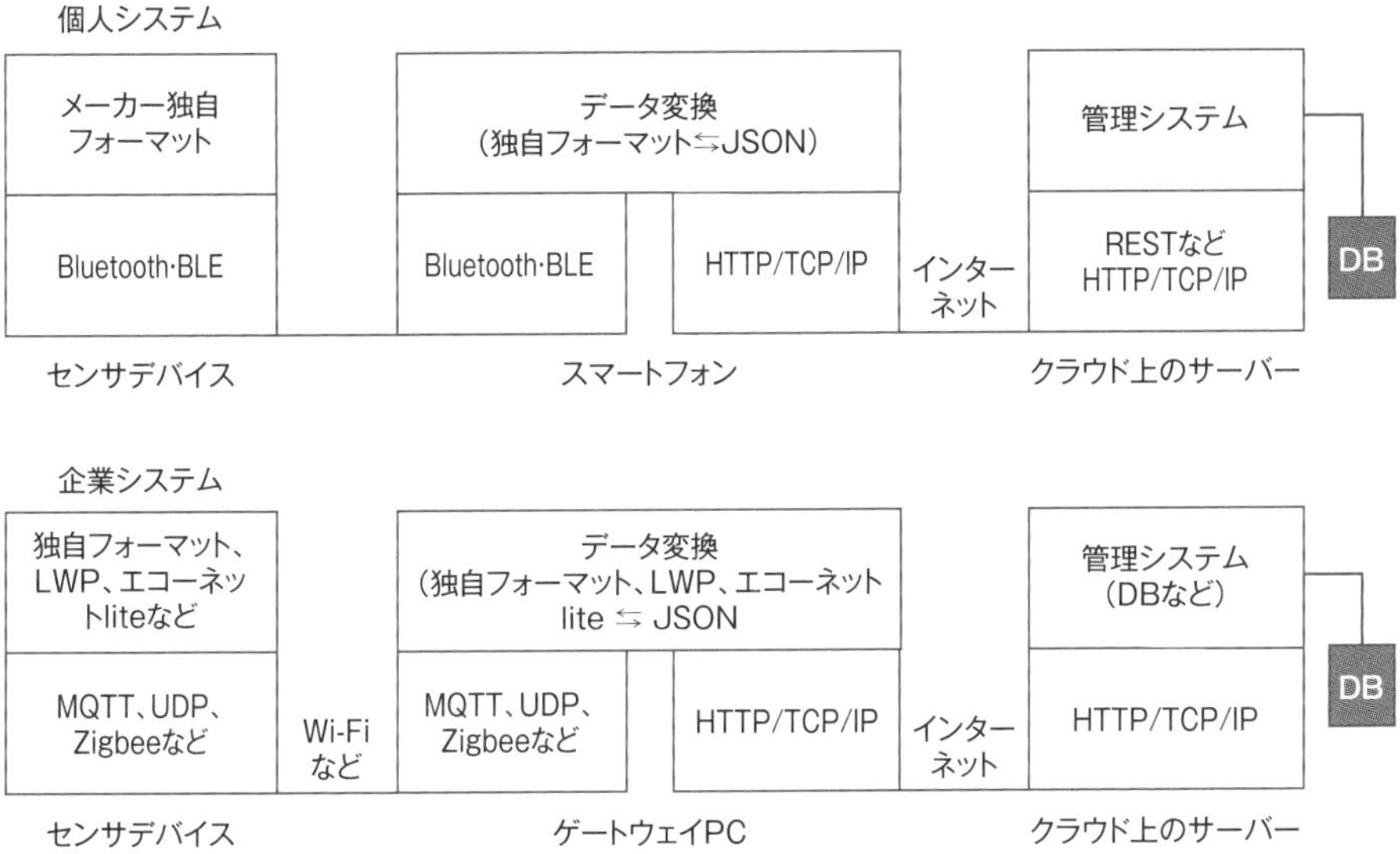

MQTTの仕組み

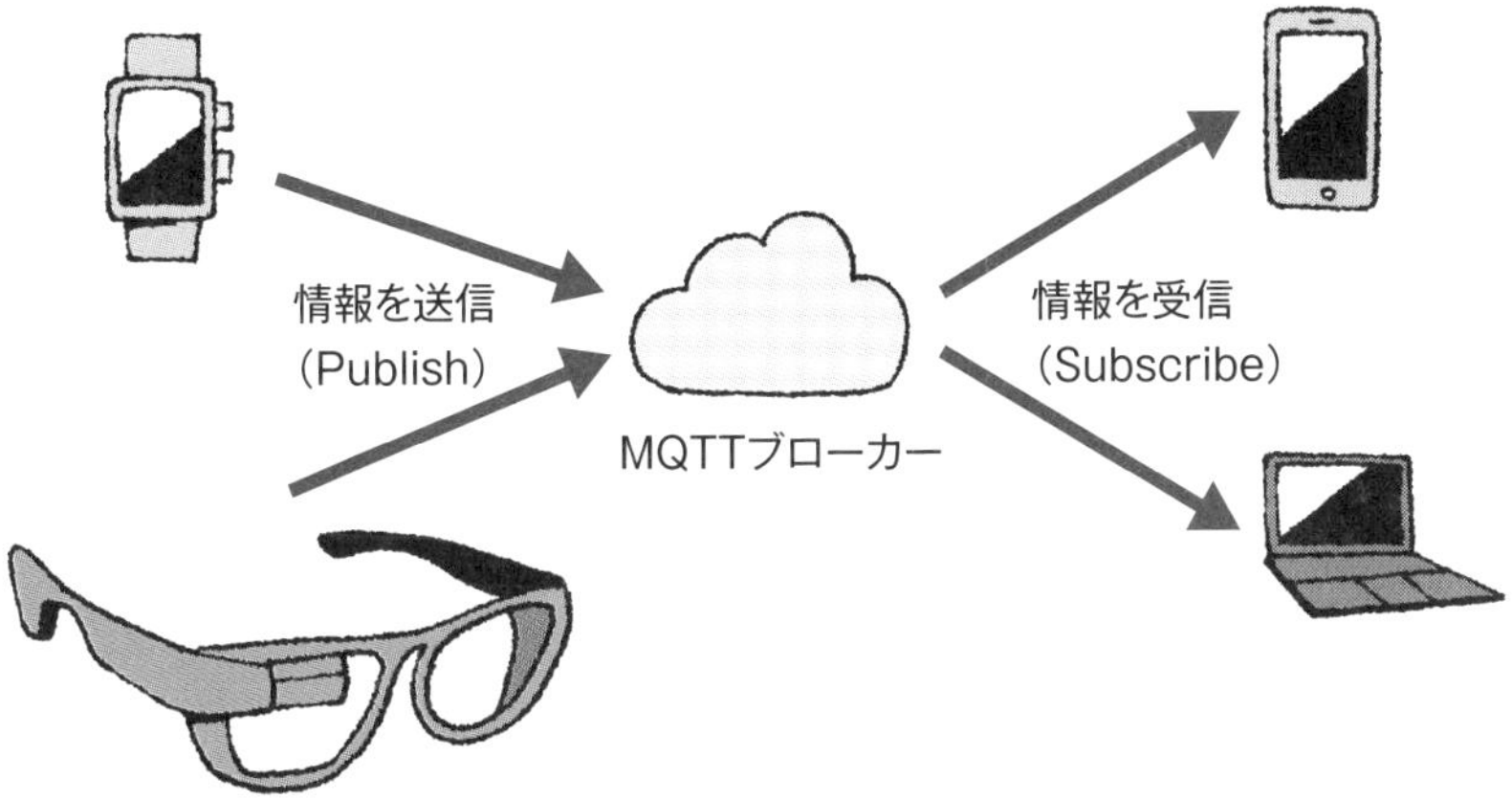

IoTデバイスなどからデータを継続的に収集し、クライアントにそれを転送する通信プロトコルの一種。OASISおよびISOで標準化がなされている。通常、TCP/IP上で使われ、プロトコルが軽量であり少量データの送受信や不安定なネットワーク環境に向くため、センサネットワークなどで広く用いられている。

41 収集した情報をどのように分析するか

データによって分析手法を使い分け

センサなどからクラウドに集めたデータを分析することで、傾向を知ったり、何らかの判断をしたり、将来を予測したりするなど、価値ある情報活用が行えます。これはIoT全般で広く認知されており、GoogleやAmazonなどが様々なデータ管理ツール、分析ツールを提供しています。業務システムにおける業務管理のための分析や、顧客情報の管理、ソフトウェアのユーザのふるまい分析などがよく行われています。

ウェアラブルに特化したデータ分析としては二つのケースがあります。一つは、ユーザ活動の分析であり、主として生体センシングなど健康管理、ライフログなどのアプリケーションにおけるものです。36項で述べた行動認識にかかわるデータ分析のほか、行動中の心拍値やGPSの値を用いた生活ロギングなど、ユーザの行動や体調、感情を推定することが重要です。これらは主として時系列データと呼ばれる連続データであり、自己回帰（AR）モデル、移動平均（MA）モデル、あるいはそれらを組み合わせたモデルを用います。センサデータを分類する場合には、データの種類や性質によって、SVM（Support Verctor Machine）、最近傍探索（k-NN）、ランダムフォレスト、DTW（Dynamic Time Warping）などの手法がよく用いられてきました。最近は大量のデータを用いてディープラーニングで学習できるようになっています。

もう一つはユーザ環境の分析であり、HMDなどを用いて生活支援・業務支援をする際に、実世界環境を知るために用いるものです。多くの場合、リアルタイムのデータ分析が必要となります。音声認識や画像認識が典型的です。翻訳や人物識別、物品識別、空間認識、危険検知、異常検出、不審者検出などが自動的に行われます。これらはそれぞれの分野で研究開発が進んでいますが、ウェアラブル環境に特化した形で調整することでより実用性が増します。計算量とリアルタイム性を考えながら、クラウド側での計算と端末側での計算をうまく分配することも必要です。

要点BOX

- ●ユーザ活動の分析とユーザ環境の分析がある
- ●活動の分析は、健康管理、生活ロギングなど
- ●環境の分析は、音声、人物、空間などを認識できる

代表的なアルゴリズム

ランダムフォレスト

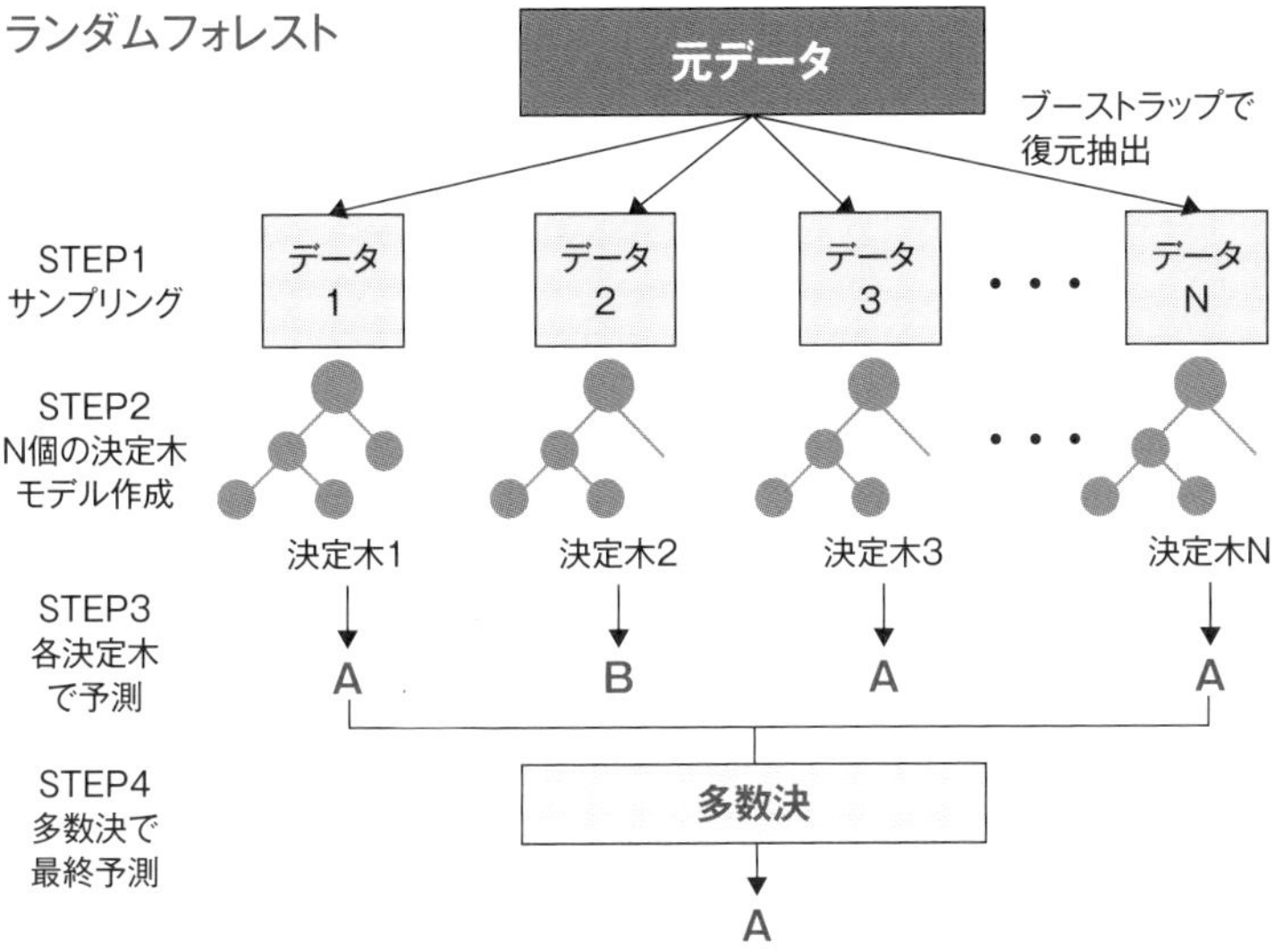

識別を行うための決定木を複数用いて、それらの多数決で判定する方式。
性能が非常によく、広く使用されている。

DTW（Dynamic Time Warping）

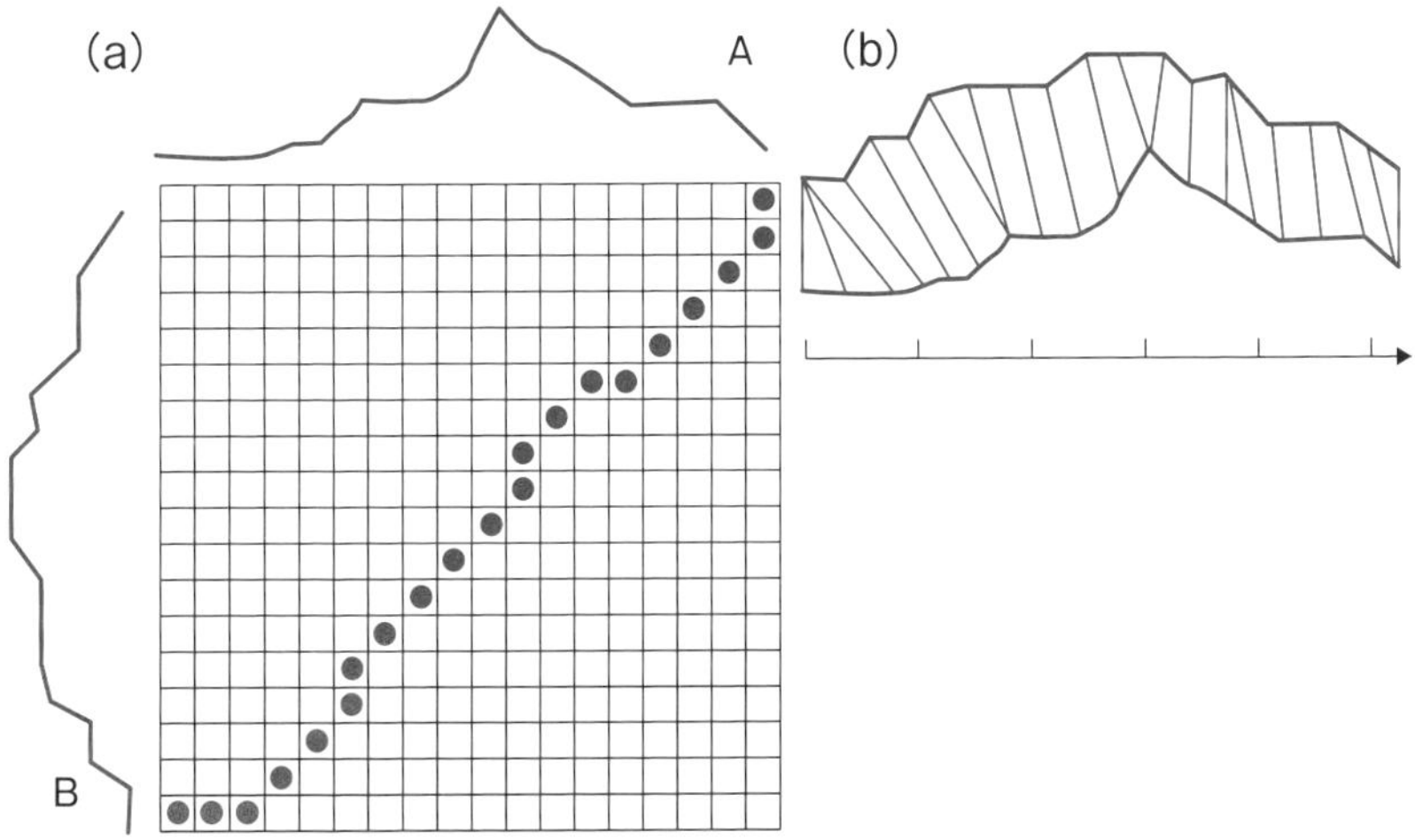

二つの時系列データが似ているか似ていないかを判別する方法。それぞれの時系列を両軸にとり、コストが少ない経路を探索して距離を推定すること（左）は、グラフ上で最短距離同士をマッチングしていくこと（右）と同等。

42 情報を分かりやすく表示する方法

状況に応じた変化をつける

ウェアラブルの情報提示デバイスとしてはHMD（Head Mounted Display）が最も有力です。HMDへの情報提示では、視認性とタイミングが重要です。

視認性では、明るさ、色、字の大きさ、図のわかりやすさなどがポイントになります。周りの明るさや、動きながら情報を見ることを考慮する必要があります。例えば文字表示の場合、背景色とのコントラストが高い色を用いる、なるべく暗くモノトーンな場所に表示する、歩行中は線が太いフォントを用いるなどで視認性を高めます。また、HMDに情報を提示すると、注意がそちらに向きます。付近に人がいるかどうかなど周囲の状況を考慮した提示のタイミングを考慮する必要があります。他の人とすれ違う、足下に障害物があるタイミングでは通知を遅らせることが考えられます。IoT分野で広く使われている一般的なデータの可視化ツールとしてダッシュボードがあり、これらはHMDでも有用です。今後は上記の特性に合わせた専用のものが登場するでしょう。

両眼シースルーHMDではAR情報提示が可能になります。ARについては61項で解説していますが、AR情報提示という観点からは、頭部の動きに対する表示内容の追従性に注意が必要です。高度なトラッキングと計算性能を持つものなら問題ありませんが、表示に遅れがあると不快感や誤解を生む可能性があります。3D物体を表示する場合には、オクルージョン（手前に実物体がある部分には表示を行わないこと）や焦点距離に関する問題があります。AR情報提示のメリットは実世界に重畳できるという点ですので、アプリケーション側ではそれをうまく生かす必要があるでしょう。

頭に電極を張り付けて脳に電流を流す脳刺激（tDCSなど）に関する研究も盛んにおこなわれています。装着部位と電流を流す方向によって、集中力を高めたり、感情を変化させたりできることがわかっており、製品も出てきています（foc.usなど）。ただし、精度や検証がまだ不十分であり、今後の研究が必要です。

要点BOX

- ●HMDでの情報提示には視認性とタイミングが必要
- ●明るさ、色、大きさなどを考慮する
- ●両眼シースルーHMDでは追従性に注意

分かりやすい表示

背景色とのコントラストが高い色を使う

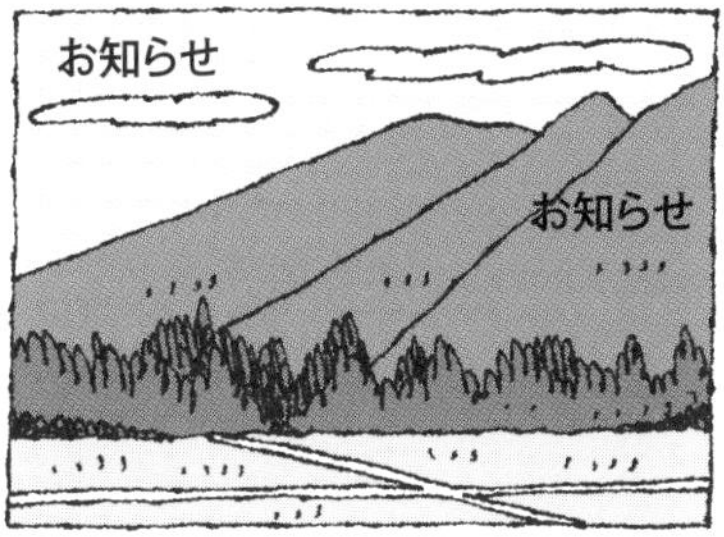

モノトーンな場所に表示する

歩行中は太いフォントで表示する

AR情報提示における追従性

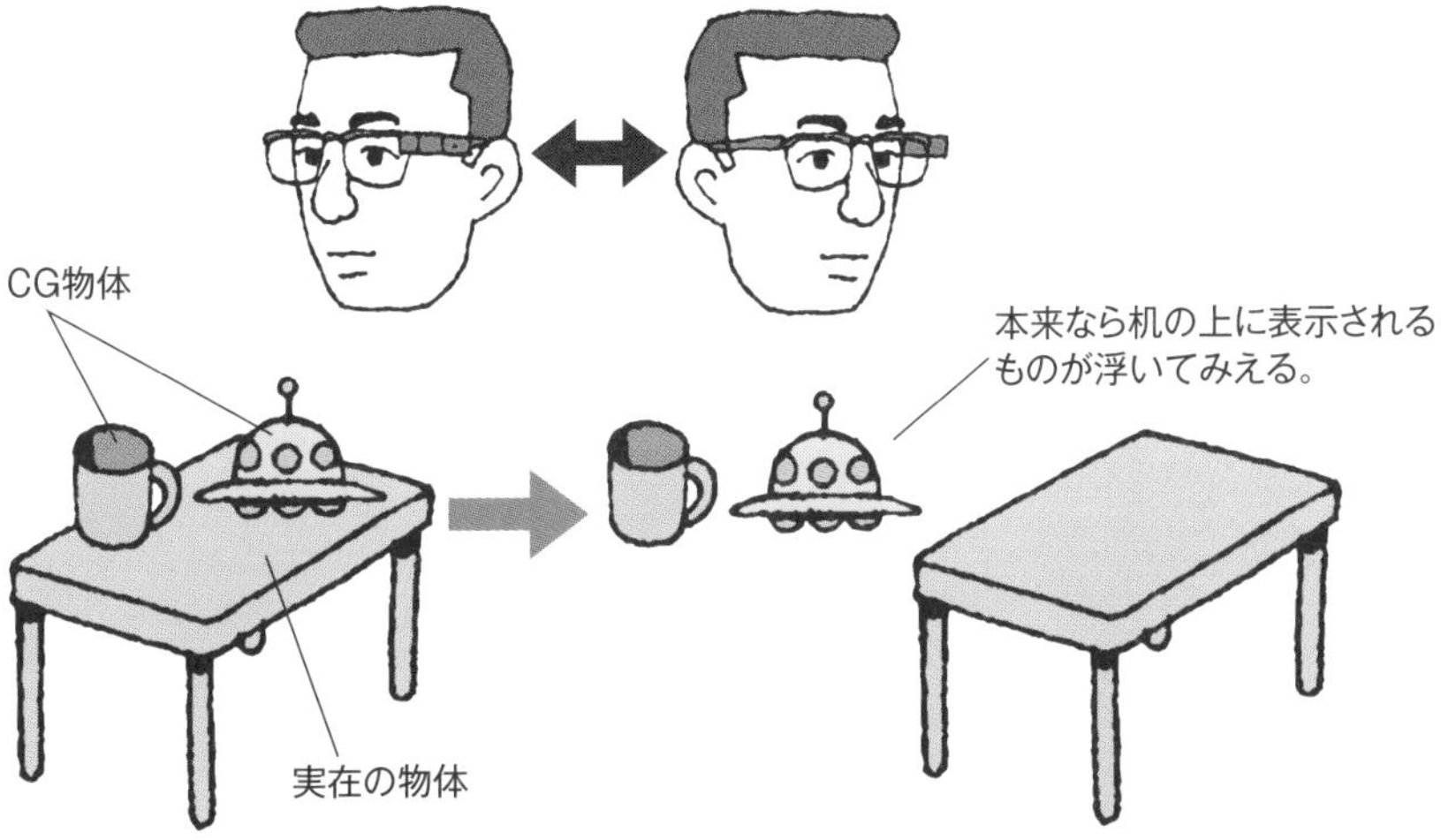

ARでの情報提示が動きに追従できないと、
CG物体が正しい位置に表示されなくなる。

43 情報を入力するためのインタフェース

長年の研究によりさまざまな手法が編み出された

入力インタフェースに関しては30年以上にわたり数多くの研究が行われています。典型的な使用例はHMDを用いたポインティングや文字入力ですが、ウォッチ型やイヤホン型デバイスの場合にも様々な方法があります。

まずはハンディ型の入力デバイスを用いる方法です。twiddlerのように片手で持つリモコンのようなデバイスや指輪型のデバイスがあります。加速度センサが内蔵されている場合もあり、全ての指に指輪を付けて平らな部分をたたき、キーボードのように使うものなど、片手で使えるよう多くの工夫がなされています。

ジェスチャーで入力する方法もあります。指輪を用いる場合や、HMDに取り付けられた深度カメラなどで手の動きを検出することで、特定の動きをコマンドとして認識する場合があります。

音声入力もよく用いられています。Google Glassではまず「Ok Google」といい、引き続き音声コマンドを発します。AIスピーカーやヒアラブルデバイスでもよく使われており、性能もよくなっています。専用の音声認識チップが搭載されているものもあり、ノイズ環境下での音声コマンド聞き取りの性能が良くなれば、業務現場で便利に使えます。

デバイスをタッチする方法では、グラスの場合テンプルが入力部になっています。ウォッチはタッチスクリーンであり、スマートフォンと同じような操作環境です。

視線入力の専用デバイスを入力手段として使うことも考えられています。寝たきりの人が視線でパソコンを使う例がありますが、それをウェアラブルデバイスに適用したものです。ただし、文字入力など複雑な操作には時間がかかるという問題があります。

そのほか首振り、筋電、腹囲、ひじの動き、顔の動き、足の動きなど、研究レベルでは多くの提案があります。最終的には脳波だと考えられています。現状はいくつかのウェアラブル脳波センサがありますが、行動時のノイズが大きくまだまだ実用的ではないようです。

要点BOX

- ●主にポインティングや文字入力に使われる
- ●ジェスチャー、音声、タッチ、視線などがある
- ●入力デバイスはキーボード型や指輪型などがある

さまざまな入力方法

ハンディ型キーボード

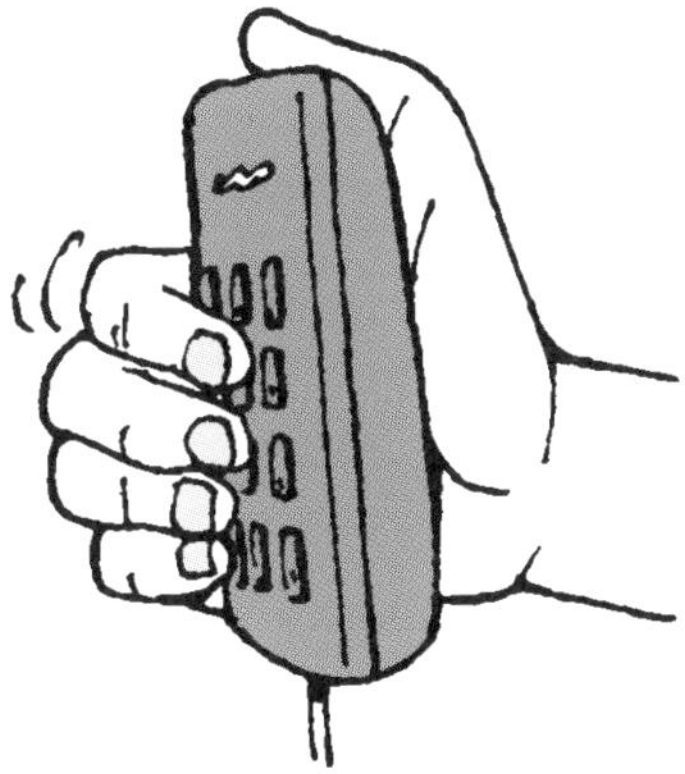

ジェスチャー入力

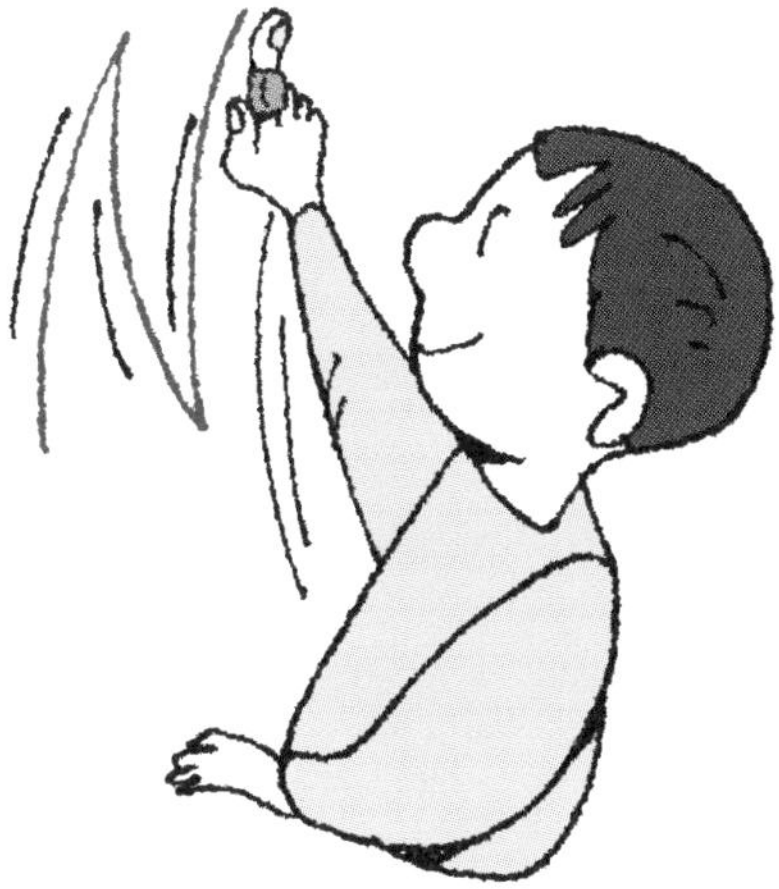

音声入力

OK Google!

タッチ入力

視線入力

両側のカメラで
視線を認識する

44 耳を塞がない骨伝導スピーカー

補聴器の技術の延長線上

音は空気や物質の振動です。人が音を聞くとき、音は通常空気を伝わって耳に入り、鼓膜の振動を通じて中耳に入り、中耳内の耳小骨を通じて内耳に伝わります（気導音といいます）。内耳では蝸牛と呼ばれるカタツムリの殻のような形をしたリンパ液の入った器官があり、リンパ液の振れが感覚器官でとらえられて脳に伝わります。一方で骨伝導は振動が骨を経由して直接内耳に伝わることをいいます（骨導音といいます）。

イヤホンやヘッドホンは気導音を使って人に音を伝えます。それに対し骨伝導スピーカーでは、耳の近辺の骨を振動させることにより骨導音により人に音を伝えます。特に骨導音を伝えるためにスピーカーを体に押し当てる部位にはいくつかのバリエーションがあります。耳の中（頬骨弓）、耳の上（蝶形骨）、後ろ（側頭骨・乳様突起）、耳の前（頬骨、頬骨弓、下顎骨）などです。古くから補聴器でよく用いられており、イヤホン型と比べて、耳をふさがないため周囲音が聞こえやすいこと、耳に圧迫感・閉塞感がないこと、目立たないことなどのメリットがありました。同じことは骨伝導スピーカーにも当てはまります。一方デメリットとしては、機器を骨に押し付ける必要があること、押し付ける場所がずれると聞こえにくくなること、周囲音が大きい場合にはスピーカー音が聞き取りにくくなること、音漏れがしやすいことなどがあります。

形状としては両耳近辺にスピーカーを押し当て、U字型のアームを後頭部に当てるものが多く売られています。Bluetoothでスマートフォンや音楽プレーヤーにつながるものが多いようです。最近は、左右が独立したTW（完全ワイヤレス）形状のものも出ています。耳や頭にフィットして付け心地がよいものが求められています。マイクを備えるものもあり、通話に用いられます。Aftershokz（米）、Boco（日）などがこの分野の専業企業としてよく知られており、様々なタイプの骨伝導イヤホンやヘッドセット、スピーカーなどを販売しています。

要点BOX

- 骨伝導では骨を経由し直接内耳に伝わる
- スピーカーを当てる部位はいくつかある
- 位置ずれや周囲の環境によっては音が聞きづらい

音が骨を伝わって聞こえる

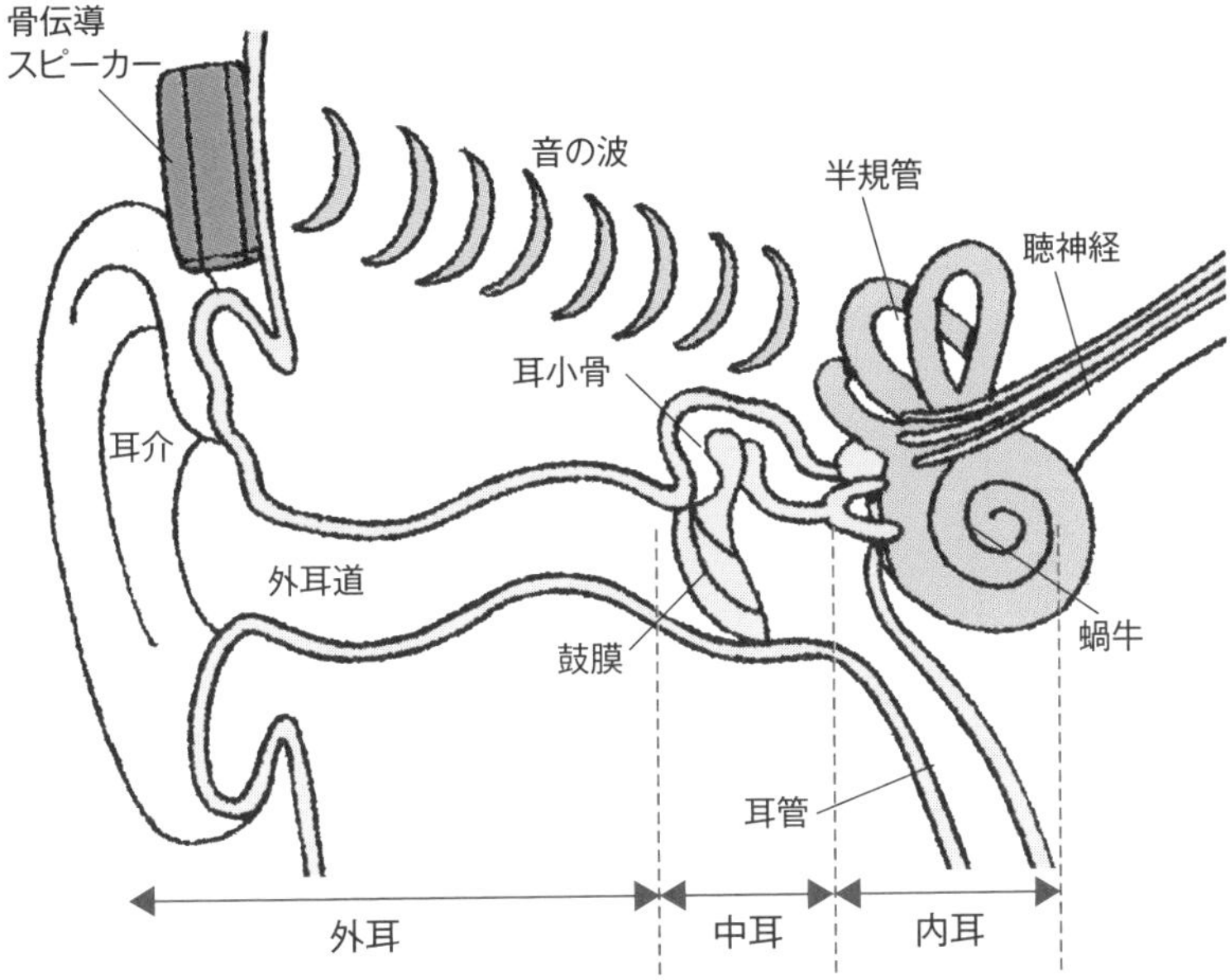

骨伝導スピーカーの例

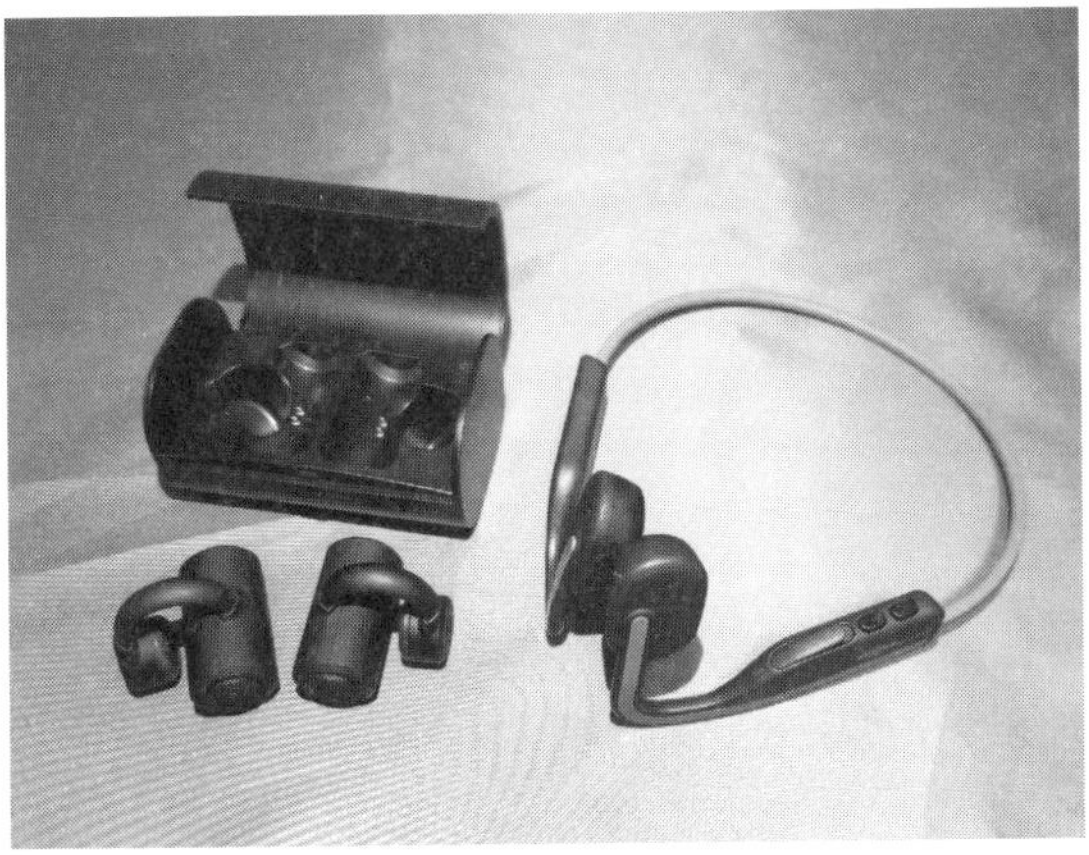

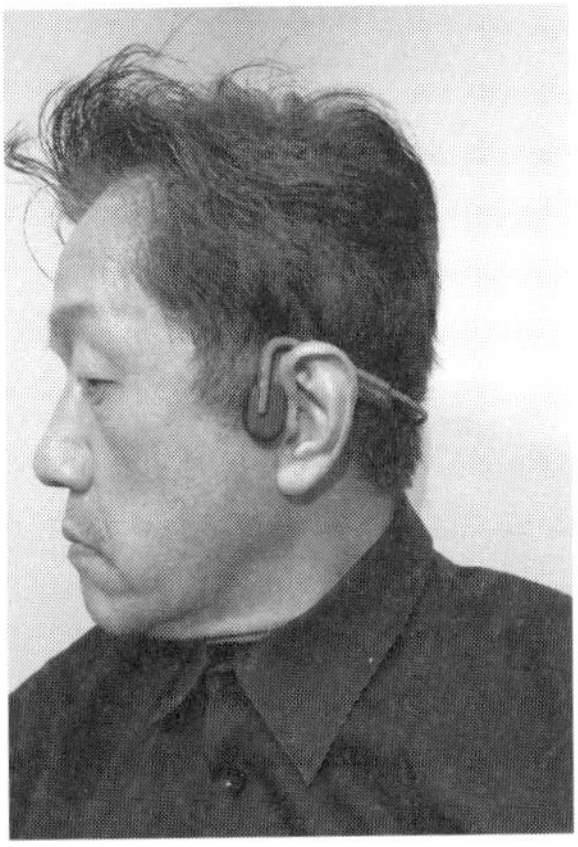

45 セキュリティリスクを正しく理解する

ウェアラブルはプライベートな情報の集合体

ウェアラブルデバイスはその性質上、スマートフォン以上に個人に密着した情報機器です。ウェアラブルはユーザに関するあらゆる個人情報を取り扱うためです。すなわち、セキュリティに関する懸念が非常に高いことを意味しています。

ウェアラブルコンピュータが扱う重要な個人情報には、音声・画像・動画などのメディア情報、メール・SNSなどのコミュニケーション情報、位置・移動履歴などの位置関連情報、氏名・住所・クレジットカード番号・認証キーなど個人を特定する情報、心拍・脈拍・血圧・血糖値・筋電位・運動量・睡眠などの健康情報、脳波や感情などの心理情報、その他にも金銭情報・ショッピング情報・視線などの重要な情報などがあります。

スマートフォンと共通する項目も多いですが、ウェアラブルは食事中もトイレや寝室でもユーザに装着されているという点で、情報がよりプライベートであるといえるでしょう。複数の人の情報を組み合わせて知ることができれば、いつ誰と一緒に何をしているかまでわかることになります。

これらの情報は不正アクセスやハッキングなどによって漏洩する可能性があります。端末だけでなく、ペアリングしているスマートフォンやデータを格納しているサーバも危険にさらされています。これを防止するためには、アプリをユーザが自分でインストールするような場合には、まずは企業が提供する商品のその安全性を十分にチェックする必要があります。

一方で、ユーザがウェアラブルを装着していろいろな場所で使うことから、落としたり置き忘れたりする危険性、盗難・強奪の危険性、転倒などで破損する危険性、表示が外部から見えたり、音声が外部に漏れたりしてしまう危険性などがあります。最初の2つに対してはユーザ認証による対策が必要になります。3つ目に対してはデータの複製、4つ目に対しては状況認識などの技術的な解決策が考えられます。

要点BOX

- スマートフォンよりも情報漏洩時のリスクが高い
- 複数人の情報を組み合わせると行動が分かる
- 不正アクセスや盗難、破損への対策が必要

ウェアラブルで管理する情報

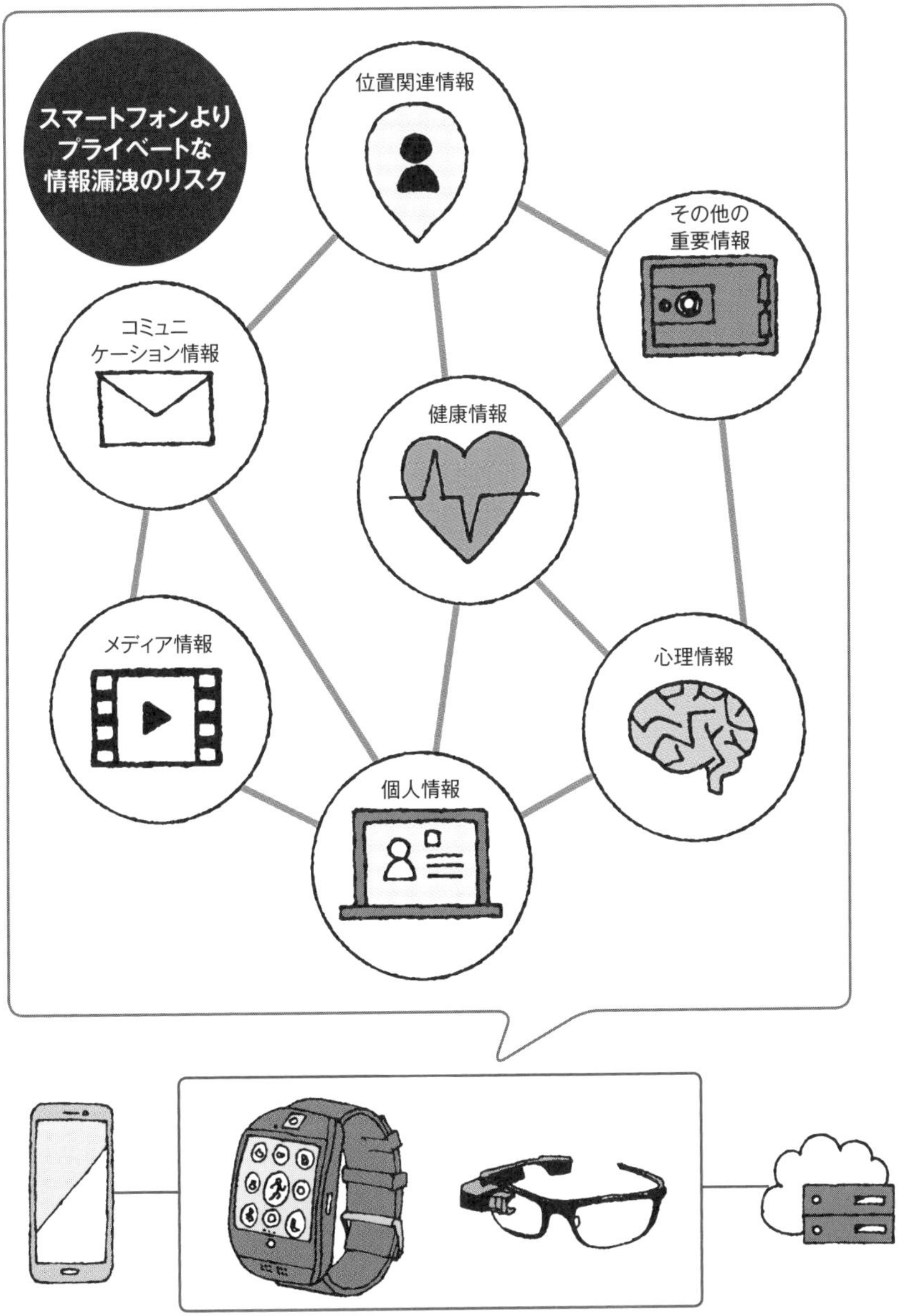

ウェアラブル本体だけでなく、デバイスとつながっている
スマートフォンやサーバも危険にさらされている

Column

新型コロナウイルスの早期発見にウェアラブルを有効活用

新型コロナウイルスの早期発見にスマートウォッチやスマートリングなどのウェアラブルデバイスの活用が有望視されており、世界中でプロジェクトが立ち上がっています。新型コロナウイルスの早期発見は社会的ニーズが高く、さらに生活全般にわたる人々の生体情報のモニタリングにより解決できる可能性が高いのです。まさにウェアラブルセンシングが有効な分野であり、今後データが蓄積されることでより精度が高まる可能性があります。

標準的なアプローチでは、FitbitやApple Watchなどの、ポピュラーかつ高性能な生体センサを備えたスマートウォッチを使用します。脈波（心拍）や血中酸素飽和度の測定、特に睡眠時のモニタリングを行うアプローチが多いようです。例えば、デューク大学のCovid-entifyプロジェクトでは、Fitbit、Garminのスマートウォッチを利用して、睡眠パターン、酸素レベル、活動量、心拍をモニタリングしています。また、オーストラリアのセントラルクイーンズランド大学のプロジェクトでは、米国のベンチャー企業・Whoopのスマートバンドを用いて睡眠時呼吸数をモニタリングします。スタンフォード大学は米国の医療研究機関のScripps Researchと提携して、Fitbitを用いて心拍数をモニタリングし、感染と心拍数上昇の関連性を調べています。ノースウェスタン大学と米国のベンチャー企業は、のどにセンサデバイスを貼り付けて咳、呼吸、心拍、体温を24時間監視することで早期発見を試みています。他にも同様のアプローチを行っている研究機関・医療機関は多いでしょう。

一方で、新型コロナウイルスの早期発見には、スマートリングを用いるアプローチがいち早く成果を上げています。ウェストバージニア大学医学部（WVU）、ロックフェラー神経科学研究所（RNI）、フィンランドのスタートアップOuraは、スマートリングOura Ringを用いた共同研究を行っており、発症する3日前に90％の精度での検出が可能と発表しています。指輪型デバイスでいち早く成果が上がったのは、装着負担の少なさ、指先での血流測定の精度、Oura Ringが備える心拍・体温・加速度の計測機能が偶然にもコロナ検出に向いていた点が要因だと推定されます。

第6章 ウェアラブルの利用と安全

46 注意の転導が起こることを理解する

通知によって注意が引きつけられる

　歩行中や作業中にウェアラブル機器に注意が向いて実世界での注意がそれると、事故、転倒、衝突の危険などが増します。このことは、スマートフォンの普及によって問題となった「歩きスマホ」の延長上にとらえることができます。HMDやスマートウォッチの利用などがそれにあたり、体に装着したデバイスが作業中に突然振動した時にも注意がそちらに向けられ、転倒や物を落とすなど実世界での危険につながることがあります。

　注意が他に向くことを、心理学では注意の転導と呼びます。スマートフォンの場合は自分自身の意図によってスマートフォンに注意をむける内発的注意定位が、ウェアラブルデバイスの場合は刺激などによって注意がひきつけられる外発的注意定位がより深刻だと考えられます。画像だけの場合でも、急に明るい情報が提示される場合や、外界と異なる目立つ色が発せられた場合、光が点滅する場合などにも起こりえます。

　一般にユーザは、HMDの利用により周囲で起こることに対する発見や反応が遅れやすくなる可能性があります。実世界への注意配分量が減ることにより、実世界で発生する出来事に対する気付きが阻害されるのです。また、実世界における「変化の見落とし」という危険性もあります。HMDと実世界を交互に見るような場合には、実世界に視線を戻したときに、実世界上のものを認識したり問題に気付いたりするのに反応が遅れることも指摘されています。

　HMD表示がない状態でも、注意の転導は起こりえます。例えば、HMDから多くの情報を得た後はユーザの思考や記憶に大きな負荷がかかる場合があります。シースルーHMDでARデータが表示される場合も、表示されるAR物体が多いほど実世界上の危険に気付きにくくなります（非注意による見落とし）。これらの注意転導にかかわる諸問題は主にカーナビ分野や歩きスマホ問題で多くの研究がなされており、それらの研究成果を活用していくことが必要です。

要点BOX

- ●振動などによって外発的に意識が引きつけられることで実世界での注意がそれ、反応が遅れる
- ●HMD表示がない場合でも、注意の転導は起こる

歩きスマホとウェアラブル

利用者の意思でスマートフォンに注意を向ける
内発的注意定位
APP
端末の通知によって機器に注意が向かう
外発的注意定位

HMDの利用で注意の転導が起こるパターン

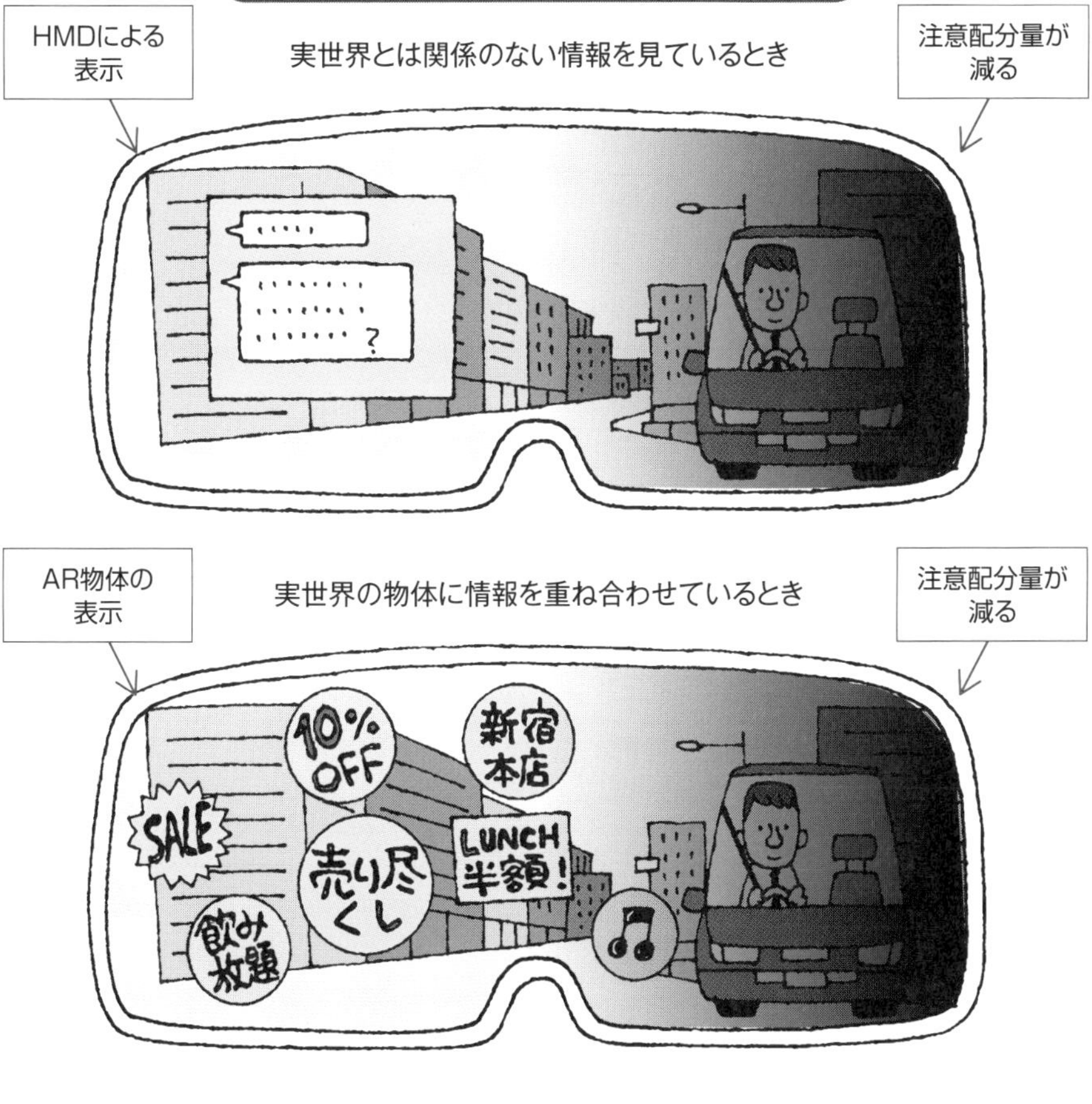

HMDによる表示
実世界とは関係のない情報を見ているとき
注意配分量が減る
AR物体の表示
実世界の物体に情報を重ね合わせているとき
注意配分量が減る
10% OFF
新宿本店
SALE
LUNCH 半額!
売り尽くし
飲み放題

47 物理的な危険に配慮する

使用方法を決めるとともに安全に配慮した設計も必要

46項で述べた注意の転導により、人や自転車、自動車、その他の障害物などに衝突したり、信号や標識を見落として事故にあったりする可能性が高まります。歩いているときやジョギングなどの運動をしているときにHMDやスマートウォッチを見る場合がこれにあたります。カーナビは運転時に動画像が表示できないのと同じように、HMDでも利用基準が必要でしょう。

使用に慣れないうちは歩行中、運動中に機器を操作することは危険です。スマートフォンの場合は安全な場所で静止して操作するべきですが、ウェアラブルの良さを生かすためには、機器の操作に十分慣れたうえで、周囲をよく確認して行うのがよいでしょう。自動車やバイク、自転車の運転中など一瞬の不注意が大きな危険を伴う場合には、HMDやスマートウォッチを使用すべきではないかもしれません。

別の問題として、転倒や衝突時に機器や、機器が破損したときの破片でケガをする危険性が考えられます。機器のデザインや装着方法、利用方法によりそのような問題は回避できるでしょう。ユーザだけでなく、第三者に危害を加える可能性も考慮する必要があります。歩行中は交通事故、人や電柱との衝突、段差や溝での転倒などが、スポーツをしているときには転倒、ボールとの衝突、プレイヤー同士の接触などが起こりうるものと考えられます。機器の破損によりユーザや周辺にいる人に直接的な危害を加えないよう、設計時に配慮することも重要です。

また、身体に装着するケーブルや機器の一部がドアノブやフック、電車やエレベータのドアに引っかかった場合や、自動車やバイクの車輪などに絡まった場合にユーザに危険がないよう、設計時に配慮する必要があります。バイクの運転において、マフラーの巻き込みによる事故誘発が問題となっていますが、ウェアラブル機器も同様の危険性があります。エレベータや電車、自動扉、道路ですれ違う自転車やバイクなどにも注意が必要です。

要点BOX

- 歩行時、運動時の操作には慣れと注意が必要
- 機器そのものや破損時の破片でケガしない設計、機器やケーブルが引っかかりにくい設計が重要

使用時の物理的な危険

他の人、物との衝突事故

操作に慣れた上で
周囲の状況をよく
確認して使用する。
自動車の運転中は
使用しないことが
望ましい。

デバイスとの衝突や破損による事故

衝突時に、機器そのものや機器が壊れた場合の破片などでケガをしないような設計が望ましい

引っかかりによる事故

機器の一部が引っかかったり巻き込まれたりしたときでもユーザに危険が無いよう配慮した設計が望ましい

48 脳への影響をできる限り避ける

頭部に装着するものは特に注意が必要

頭部に装着するウェアラブルデバイスが脳へ与える影響は多くの人の懸念事項かもしれません。懸念事項の一つは携帯電話、スマートフォンでもよく言われた電波の影響です。電波が人体に与える影響については、世界中でこれまで50年以上にわたって研究されており、科学的知見を踏まえて十分に安全な基準「電波防護指針」が策定されています。国際的にも、国際非電離放射線防護委員会（ICNIRP）などが策定している基準値があり、世界各国で活用されています。ウェアラブルデバイスに関してもこれらの基準に合致することが必要です。

実際には無線通信機能を持たないデバイスの場合、ウェアラブルデバイスの多くは低消費電力で性能の低いマイコンやセンサを使用する場合が多いため、生体にはほとんど影響はないでしょう。CPUやGPU、AIエンジンなど高性能なプロセッサが搭載されている場合もウェアラブルデバイスの場合は性能の限界があり、あまり心配はないものと考えられます。その場合、むしろ49項で述べる発熱の影響のほうが懸念されます。

一方で無線機能を持つデバイスに関しては、スマートフォンと同様に取り扱うのがよいでしょう。しかし、長時間継続して通信を利用し、装着する場所がスマートフォンとは異なりますので、今後の調査が必要です。

42項で触れた脳刺激については、脳への影響が深刻な懸念事項になります。日本臨床神経生理学会から、効果の科学的な検証と装置の安全性の検証がまだまだ不十分なため、病院などの承認や医師の管轄のもと、科学的な検証のために行うことが前提であるという注意勧告がなされています。

HMDが脳へ与える影響に関しても懸念があります。VR HMDの利用に関しては、VR酔いなど特有の人体影響が知られています。単眼ディスプレイを利用する場合はそれとは異なる、日常にはありえない視覚体験となるため注意が必要です。この分野の進展は近年めざましく、今後の研究が期待されます。

要点BOX

- 「電波防護指針」などの安全基準が策定されている
- 無線機能のあるデバイスで注意が必要
- 脳刺激は効果や安全性などの検証がまだ不十分

安全な電波の基準値

周波数(f)	電界強度の実効値(E[V/m])	磁界強度の実効値(H[A/m])	電力密度(S[mW/cm^2])
10kHz-30kHz	614	163	
30kHz-3MHz	614	4.9f(MHz)$^{-1}$ (163−1.63)	
3MHz-30MHz	1,842f(MHz)$^{-1}$ (614−61.4)	4.9f(MHz)$^{-1}$ (1.63−0.163)	
30MHz-300MHz	61.4	0.163	1
300MH-1.5GHz	3.54f(MHz)$^{1/2}$ (61.4−137)	f(MHz)$^{1/2}$/106 (0.163−0.365)	f(MHz)/300 (1−5)
1.5GHz-300GHz	137	0.365	5

(総務省「電波防護指針」)

脳刺激の仕組みと刺激する位置による効果

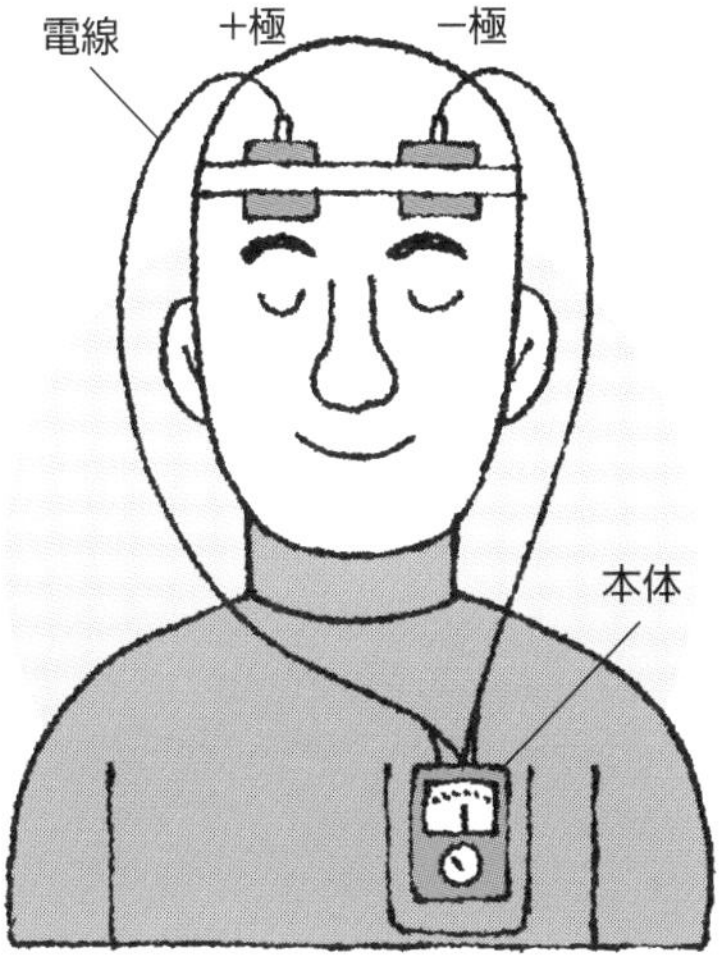

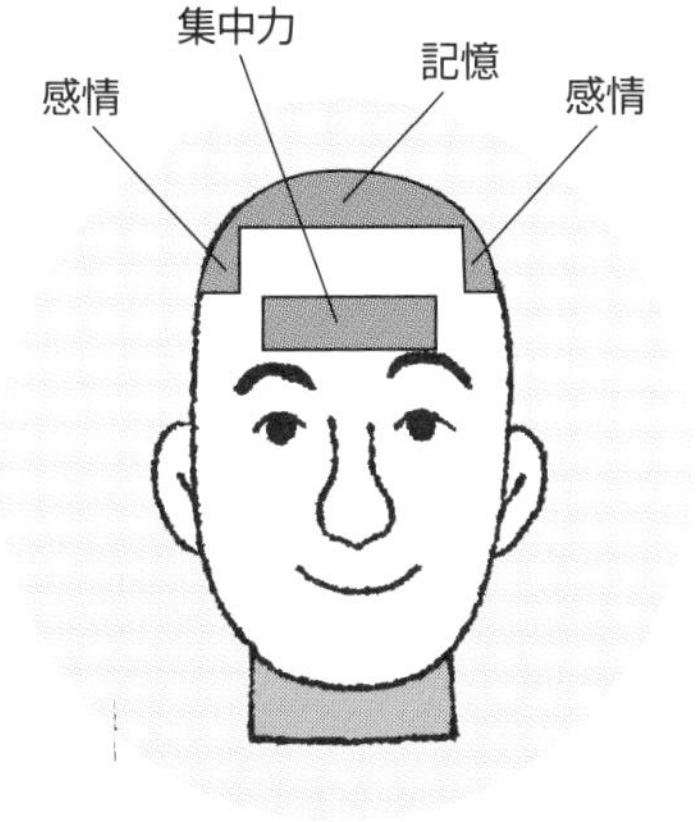

49 安全性の高い製品を設計するために

使用時の事故を設計で防ぐ

ウェアラブルデバイスの安全性において考慮すべき点を以下に示します。ウェアラブルデバイスは身体に装着しているため、より慎重でなければなりません。

①高温：使用時に異常な高温にならないことが求められます。やけどや爆発の危険性もあります。身体接触部では低温やけどの危険性があります。40度から50度程度の熱に皮膚が長時間触れている場合は危険です。

②爆発：使用される可能性のある場所の気温や気圧条件を十分に考慮し、爆発などの危険性がないように設計することが必要です。デバイスを使用する環境としては、高温・多湿や、水、汗、血液、食品、飲料、石鹸洗剤の接触など多様な条件が考えられます。

③素材の生体適合性：化学的に安全な素材を用いるのはもちろん、アレルギー体質も考慮する必要があります。原材料表示にも注意が必要です。

④体漏電流：雨に濡れたときや水をこぼしたとき、汗をかいたとき、故障したときなどの体漏電流が、人体に危険を及ぼさないよう配慮して設計する必要があります。一般的な電気機器では、通常状態において0・5mA以下、単一故障状態において3・5mA以下という基準があります(IEC60950など)。

⑤誤飲：ヒアラブルデバイスや貼り付け型デバイスなどの小型のものは、幼児がなめたり誤飲したりする可能性があります。製造側は成分や形状などを考慮し、使用側は管理に注意する必要があります。

網膜投影型HMDでは、機器故障時にも目に危険な信号が入らないよう設計されるべきです。レーザの安全基準はJISで規定されており、クラス1、クラス1M、クラス2などがあります。クラスに応じた管理、使用方法が求められます。一般的な安全性については、家庭用電子機器、情報機器、マルチメディア機器の安全性基準に適合する必要があります。ウェアラブルデバイスの場合、これらで想定されていない使用環境がありますので、別途独自の安全基準を構築する必要があります。

要点BOX

- ●高温、爆発、素材の生体適合性、体漏電流、誤飲に注意した設計、使用が求められる
- ●網膜投影型HMDではレーザの安全基準に留意

想定される安全点のリスク

高温

使用時、高温になりすぎない。身体との接触部では低温やけどを起こさない。

爆発

使用環境や、液体・異物との接触による爆発を起こさない。

素材の生体適合性

アレルギーも考慮しつつ、化学的に安全な材料を使用する。原材料を正しく表示する。

体漏電流

水濡れや故障時に、人体に危険がないような設計をする。

誤飲

成分や形状に考慮して、誤飲が起こりにくい製品を設計する。

レーザのクラスと安全基準

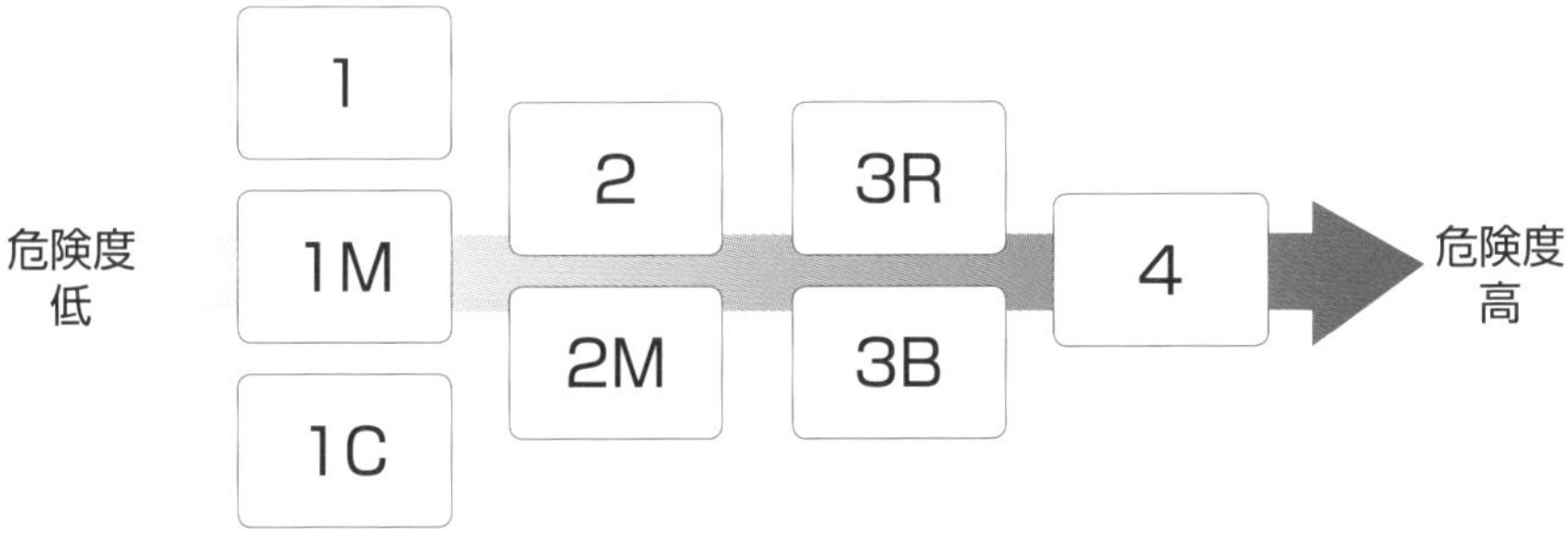

Column

コロナ禍で突然広がり始めた業務用スマートグラス

2020年初頭から始まった新型コロナウイルス感染症による世界規模でのパンデミックの結果、国内では非常事態宣言が出され、人々の暮らしや仕事は一気に変容しました。巣ごもり、テレワークが標準となり、バーチャル化、リモート化が進みました。これは実世界指向のウェアラブルとは一見反対方向への進化です。では、コロナ禍によってウェアラブル産業が衰退したかというと、そうではありません。逆に、スマートグラスの需要が顕著な伸びを見せました。

特に、コロナ禍によって、スマートグラスを用いた遠隔作業支援へのニーズが高まりました。コロナ禍の中、熟練者が出勤できなくなりましたが、スマートグラスを使えば遠隔で現地の様子を見ながら、作業員に指示を送ることができます。また、図面や文字を送ってスマートグラスに映すこともできます。カメラの映像をキャプチャーして、その静止画に矢印や丸印などの指示を書き込んで送り返すというのが典型的な使い方です。

スマートグラスを用いた遠隔作業支援はこれまでも広く使われており、産業用途としてのスマートグラスの使い方としては最も浸透していました。システムが動き、通信さえつながれば、あとは人間同士のコミュニケーションで使いこなせるものだからです。唯一の課題はアプリケーションの設定と使いこなしでしたが、ＺＯＯＭなどのリモートツールが普及し、ユーザが使用に慣れたことで解消されました。遠隔会議でこれらのツールを頻繁に使うようになったためです。

その他にも、業務の教育・研修用途でもスマートグラスがよく利用されています。また、巣ごもり時の映像作品などの視聴の目的でも需要があります。ただし、スマートグラス自体の課題はまだまだあり、今後のデバイスの進化が望まれています。

第7章

ウェアラブルを活用する場面

50 ヘルスケア現場での利用

ウェアラブルを利用する本命の分野の一つ

身体にコンピュータ機器を装着し、身体を動かしながら利用するという意味で、ヘルスケア分野はウェアラブルデバイスを利用する価値のある本命の分野の一つです。センサやコンピュータを使って身体情報を正しく管理することはウェアラブルの本質であり、重要な機能です。機器の小型化、高性能化、センサの進化、バッテリの進化などにより、実際に「使える」デバイスが増えています。

この分野で一番影響力があるのはApple Watchです。Fitbit（Googleによる買収が進んでいる）、Polar、Garmin、Xiaomiなど、Apple Watch以外のウォッチ、リストバンドデバイスも注目されています。また、服型のデバイスも注目を集めています。国内ではNTT・東レのhitoeと、ミツフジ・IBMのhamonが注目されています。介護などの現場で使う業務用の製品がメインで、ウェアラブルの展示会ではよく見られるようになってきました。

主に以下のような機能が注目されています。

①血圧：オムロンやHuaweiなど、医療機器ではないものが多く販売されています。

②血糖値：AbottoのFree Style Libreが、血糖値を測るデバイスの代表例です（針を刺す侵襲式のデバイスですので、厳密にいえばウェアラブルではありません）。

③睡眠モニタリング：Xiaomiなどの各社のスマートウォッチやその他のデバイスに搭載されています。Apple Watch 6でもサポートされています。

④心的状況（集中しているかリラックスしているか）：心拍（脈波）から計算できます（R-R間隔）。アイトラッキング（視線移動）やまばたきの回数で推定することもあります。

その他、紫外線量、血中酸素濃度、歩容解析などが可能なデバイスもあり、様々な指標で心身の状態をモニタリングしています。

要点BOX

- ●身体の情報を管理し、健康管理に活用
- ●ウォッチ型のほか、服型のデバイスもある
- ●血圧、血糖値、睡眠、心的状況などを管理

生体情報をモニタリングできる服

トランスミッター。
心拍数や加速度を測定し、
スマートフォンにデータを送る。

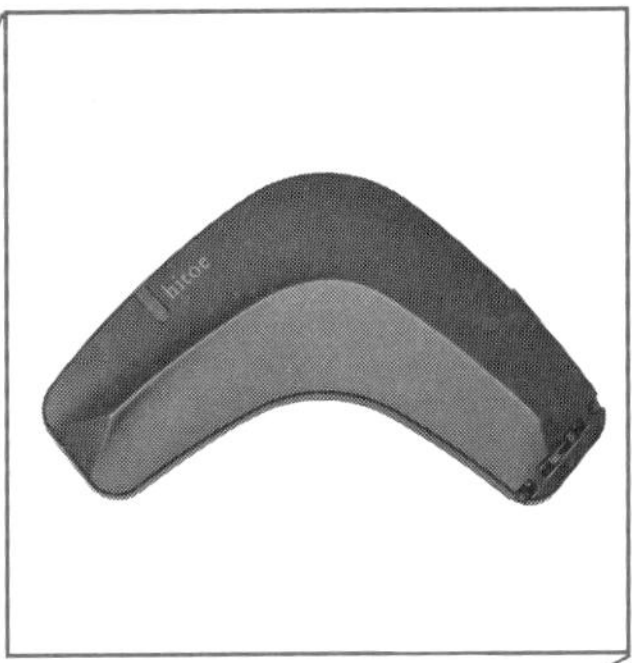
hitoe

服型だから
違和感も少ないね

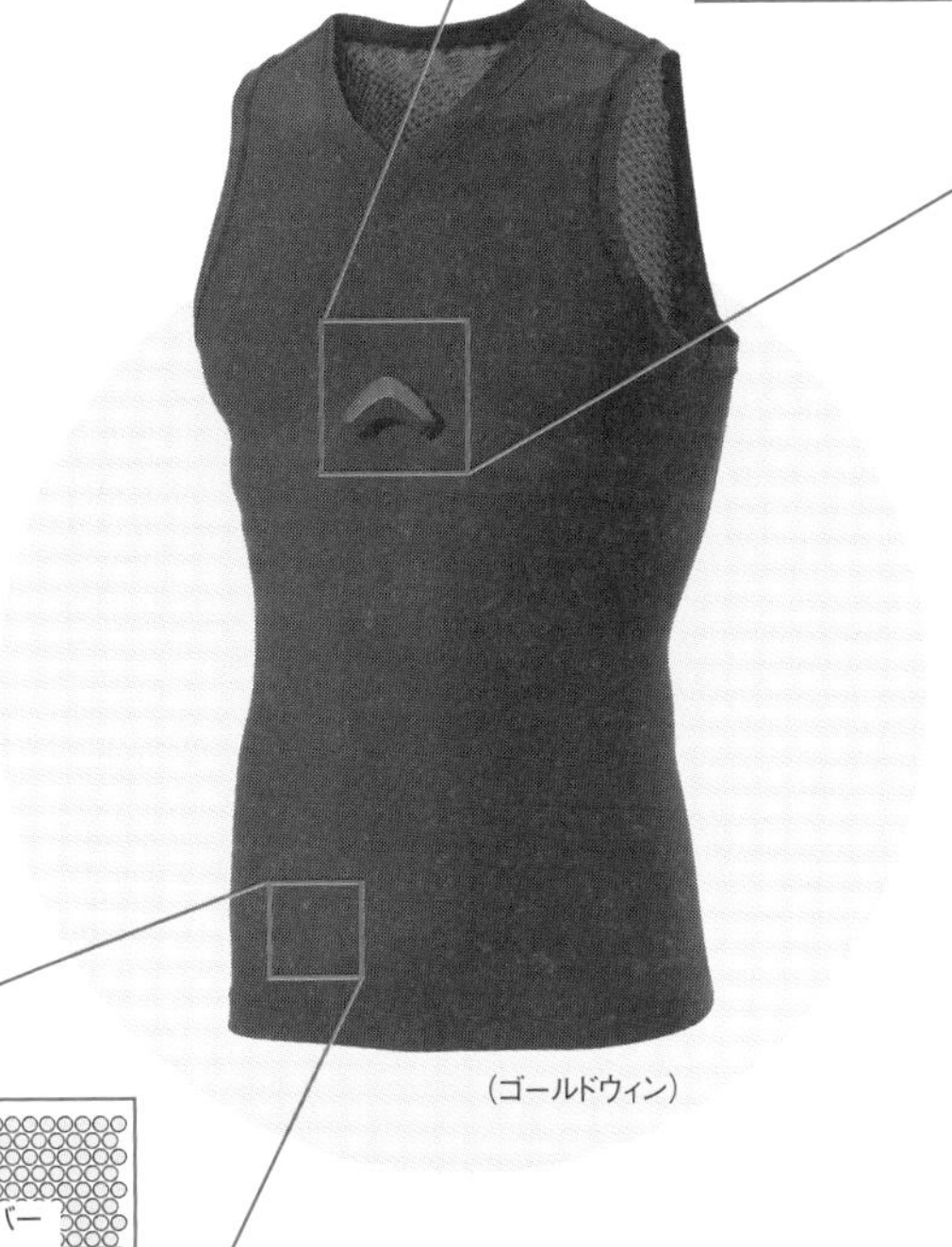

（ゴールドウィン）

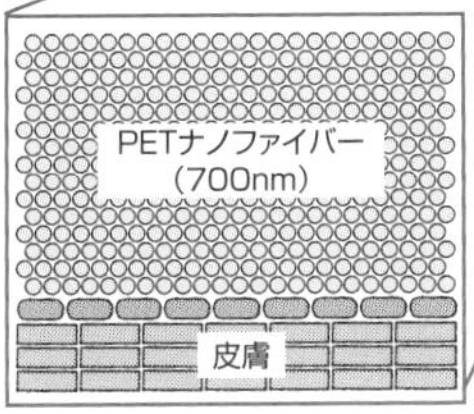
PETナノファイバー
（700nm）
皮膚

素材と皮膚との隙間が小さい
⇒皮膚との接触面積が広く、安定した
　体情報を得られる
⇒導電性高分子が剥がれにくく、高耐久

51 フィットネス・スポーツ分野での利用

楽しく、長く、効果的に運動できる

自宅でのフィットネスやジョギングなどのスポーツが注目されています。健康管理を目的として、ウェアラブルデバイスの活用が広がっています。世界のスポーツ用品企業が中心となり、ウェアラブル分野の急成長を見据えて、フィットネス・スポーツ分野での利用に積極的に取り組んでいます。特に、腕時計型デバイスやチェストベルト型心拍計、ウェア型の生体センサなどを、以下の用途で活用しています。

①トレーニングの効率向上：運動量の計測、筋肉への負担や循環器系の状況を観測します。トップアスリートの場合は、大量のデータと最先端運動医学の知識を活用して、効率よくトレーニングできます。一般ユーザの場合は運動量の計測やロギングがよく使われています。運動の種類ごとにアプリケーションが用意され、それぞれの運動に応じたゴールが設定されるのが一般的です。運動量や疲労も運動ごとに専用のアルゴリズムで推定します。

②モチベーションの維持：適度なゴールを設定し、毎日の運動の記録を残すことは、運動を継続するためのモチベーション維持に有効です。その情報を友人と共有することで、互いにモチベーションを高めあうことができます。

③安全性の確保：運動中の心拍数や血中酸素濃度、体温などを測定することで、過度な運動を検出し、ユーザに危険を知らせることができます。熱中症の予防にも有効です。頭部の振動を検出する専用デバイスもいくつか販売されています。これらはボクシングや体操、フットボールなどで頭部に衝撃を受けた時、その大きさ・ダメージを計測するものです。

④コミュニケーション：運動中の心拍数やGPS情報などで、コーチは選手の状況を把握できます。テニスやゴルフなどでは専用のアプリケーションが用意され、ゲームをより楽しめるような情報提示がなされます。仲間とこれらの情報を共有することで、より楽しくフィットネス・スポーツをすることができるでしょう。

要点BOX

- ●プロスポーツではトレーニング効率向上に利用
- ●モチベーション維持やコミュニケーションにも有効
- ●生体情報の計測で運動時の事故を防止

効率的なトレーニングのためのセンシング

（オンサイドワールド）

投球動作、トレーニング量、肘のストレスなどをセンサで解析し、
パフォーマンスの改善やケガの予防を図る。

スポーツを楽しむためのの情報提示

（GARMIN）

プレイしているコースのデータ、ホールカップまでの距離の表示や、
自分のショットの記録などができる。

52 日常生活での利用

24時間、あらゆる行動が記録の対象

起床から睡眠まで、さらには寝ている間も、ウェアラブルデバイスは有用です。HMDやスマートウォッチは、日常生活におけるアラート、コミュニケーション（電話やSNSなど）、センシングなどに用いられます。センシングの対象は活動量や歩数がメジャーですが、脈拍などで仕事や勉強の集中度を測定し、疲れやメンタルの状態変化を知るためにも有効です。

睡眠をセンシングしたり、音や振動などを用いて睡眠の質の改善を図ったりすることはスリープテックと呼ばれます。腕時計型デバイスや頭に巻き付けるデバイス、耳栓型などがよく使われています。さらに睡眠時間だけでなく、レム睡眠・ノンレム睡眠の区別を推定し、睡眠の質を知ることができます。音や振動などで入眠や安眠を補助するもの、いびきを防止するものなどもあります。睡眠時無呼吸症候群やその兆候の検出も可能です。ダイエットや禁煙にも有効です。ウェアラブルカメラでは食べたものと量、カロリーを推定することができ、その精度は徐々に上がってきています。ガスセンサで喫煙をとらえることもできます。エンタメ系コンテンツと組み合わせて、ダイエットや禁煙を支援することも可能でしょう。

コロナ禍では、スマートフォンを用いた新型コロナ追跡システムがリリースされました。近づいた端末情報を記録しておき、発症した人の端末と接近した履歴があればアラートとして知らせるアプリケーションです。ウェアラブルデバイスで同じことができれば、スマートフォンを持っていないタイミングも履歴を残すことができるでしょう。首掛け型のウェアラブルデバイスで、デバイスをつけた人同士が一定距離（例えば1m）以内に近づいたときにアラートが鳴る、近密回避デバイスもあります。腕時計型デバイスでは手洗いを自動検出し、20秒間の手洗いを促すアプリケーションもあります。コロナ禍のニューノーマルな生活を見守り、記録することが求められており、ウェアラブルデバイスがそれに役立っているといえるでしょう。

要点BOX

- ライフロギングによって生活の質を改善
- ダイエットや禁煙などの管理や睡眠の質を改善する
- 接近の記録や近密の回避にも利用可能

生活サイクルとウェアラブルの関わり

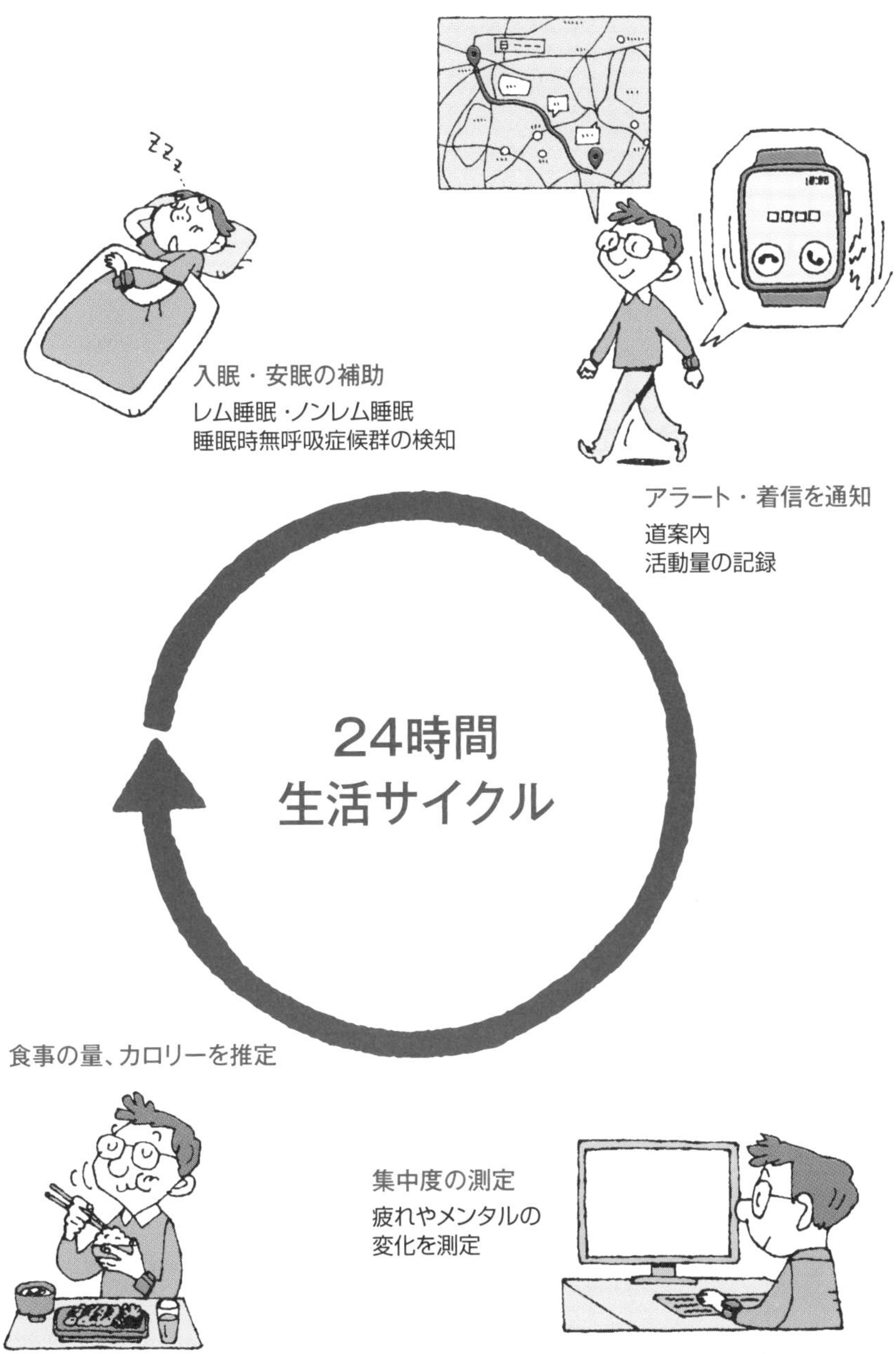

53 エンターテインメント分野での利用

遊びの幅がウェアラブルで広がる

　昨今ではARゲームが注目されています。ARゲームといえばスマートフォン用アプリの『ポケモンGO』『ドラゴンクエストウォーク』などが有名です。GPSを用いて実世界を歩き回り、カメラで撮影した実世界映像にモンスターを重畳するというものです。これをウェアラブルデバイスに適用したものがウェアラブルARゲームです。

　ウェアラブルARゲームでは、ARグラスをつけて実世界の中で動き回りながら、文字やCGが重畳された実世界の中でゲームをします。meleapの『HADO』は、ユーザが頭にARヘッドマウントディスプレイを、腕にアームセンサーと呼ぶスマートフォン型のデバイスをつけ、フィールドを動き回りながら体を動かして技を発動させ、味方と連携して楽しむARスポーツです。腕を動かすことで技を発動させられます。

　このような技術はすでにテーマパークなどでも広く使われており、USJの『スパイダーマン』などではARグラスではなくプロジェクターと偏光眼鏡を使って実空間内に3D映像を重畳しています。

　スマートフォン用のARゲームはウォーキングを誘発したため、健康面で注目されましたが、ウェアラブルARゲームも実世界の中で動き回る「スポーツ」の延長としてとらえられます。架空の空間の中で行うeスポーツとは対極的な形としてみなされることもあります。

　ライブエンターテインメント分野で最近広く使われるようになってきたものに、ウェアラブルLEDがあります。ダンサーが多数のLEDをつけた服を着て踊り、ダンスに合わせてLEDが光るというものです。通常、無線通信を使って同期がとられますが、ダンサーが激しく動き回る場合には故障しやすい点が問題となります。実際の現場では技術とノウハウによって、故障を目立たなくしています。EXILEや3代目J Soul Brothersなどのライブでは100人規模のLEDダンサーが見られます。

　アトラクションでもARグラスを利用し、実体験と仮想体験を組み合わせてリッチな体験を演出します。

要点BOX

- ●ウェアラブルデバイスでARを利用する
- ●架空の空間で行うeスポーツと対極の概念
- ●ライブではダンサーがウェアラブルLEDを利用

ウェアラブルを利用したゲーム

(©meleap)

プレイヤーは頭にAR表示用のヘッドマウントディスプレイ、腕にアームセンサーを装着してプレイする。

ライブにウェアラブルを活用

LEDを身に着け、ダンスパフォーマンスを披露する

(mplusplus)

54 工場や保守点検の現場での利用

やるべき作業が明確になる

産業革命以降、製造業ではより高い生産性と品質、低コストを求めて、様々な新しい技術が導入されてきました。近年は、IoTやAIにより新たな産業革命が起こりつつあります。ウェアラブルデバイスもまた、製造業に大きな革命をもたらすものとして注目されています。

生産ラインでは、人と機械が協働し、部品を的確に組み立てていく場合や、セル生産方式で限られた区画内において少人数で作業する場合があります。特にセルの頻繁なレイアウト変更に対応するには知識と経験が求められます。ＨＭＤなどのウェアラブルデバイスを利用すれば、適切なタイミングで指示を出し、作業者は指示に従って作業できます。新人教育にも有効で、適したコンテンツで教育すれば、不慣れな新人でもすぐに効率よく作業できます。部品のピックアップも現場では知識と経験が必要です。ピックアップの指示をＨＭＤに出すことは、不慣れな作業者にはとって非常に役立ちます。

保守点検も典型的なウェアラブルデバイスの活用シーンとなります。航空機や船舶、電力や水道、鉄道などのインフラ機器、医療機器、ビルや大型施設、工場の空調や電気設備などの保守点検・メンテナンスにおいては、不具合の発見や予防、清掃、消耗部品の交換、調整など、高度な作業を行うと同時に、適切に記録を取ることが求められます。鉄塔を上ったり、機体の下に潜り込んだりする場合や両手で作業しなければならない場合もあります。ウェアラブルデバイスを用いれば、現場でマニュアルや操作手順のガイドの参照、カメラの映像を送って熟練者・専門家からの指示を受けながら操作を行う遠隔作業支援、画像認識を用いた対象の自動認識、マニュアル提示、操作記録などが可能です。どのような体勢であっても、あるいは両手がふさがっているときでも、情報を参照できる点が大きなメリットです。ＡＲを用いれば、作業方法と箇所を明確に指示できます。

要点BOX

●製造業での業務効率化に期待される
●遠隔での適切な指示出しや教育に有効
●状況に関わらず、マニュアルの確認や記録も可能

産業の構造が大きく変化する

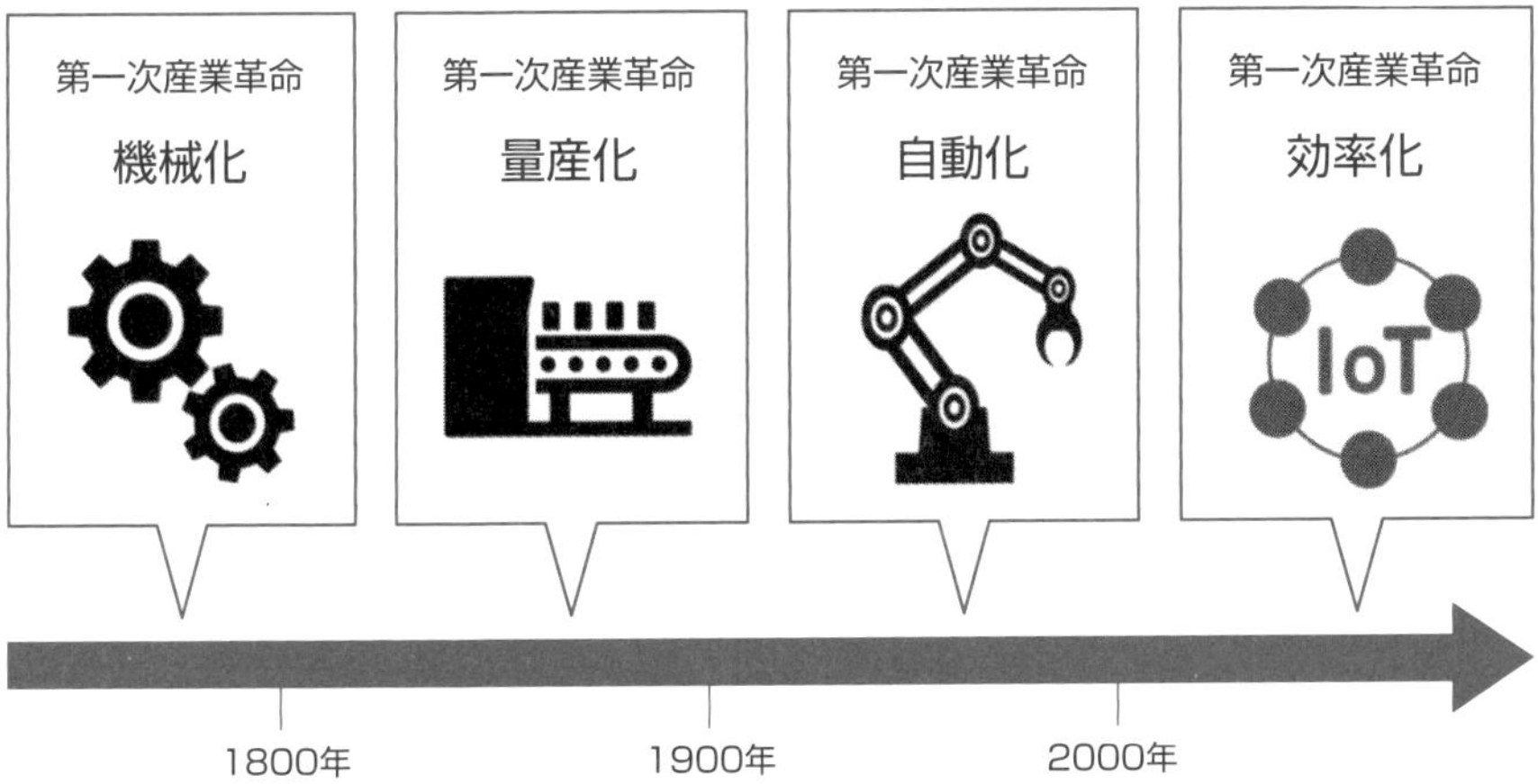

ウェアラブルにも、産業を大きく変動させるポテンシャルがある

現場でのウェアラブル活用の様子

（Vuzix）

55 オフィス内での利用

業務効率化と個人情報保護のバランスが大切

オフィスでもウェアラブルデバイスが利用されています。ポピュラーな用途の一つが勤怠管理用です。オフィス内に複数設置されたデバイスで、従業員が装着したウェアラブルデバイス（主に名札などの「タグ」やリストバンド型）を読み取ることによって、従業員の所在地や生体情報を、勤務時間中つねに把握・記録するものです。所在地を特定する技術としては、NFC、Bluetoothなどが用いられています。休憩、トイレなどのタイムログによる勤務状況の可視化や体調の管理も重要です。一方、従業員の所在地は個人情報だという考え方もあり、本格的な導入には労働組合などから反対されるケースもあります。管理側のメリットだけでなく、従業員側のメリットも明確でないと導入は難しいでしょう。

この分野の研究開発の歴史は古く、1990年ごろにAT&T（ベル研究所・米）のメンバーがActive Badgeという赤外線で通信するバッジを用いたシステムを作りました。バッジは約10秒に一度数ビットのIDを発信し、部屋に備えられたレシーバーでそれを受信することで、バッジの所在を管理できます。オフィス内のメンバーの居場所を可視化することで、電話を転送したり、緊急の要件を伝えたりするなど、業務効率の向上に活用するというアイデアです。その後、使用するうちに通信が双方向になるなど、機能が高度化してきました。

パナソニックの社内プロジェクトの一つとして、ShiftallのWear Spaceという商品が出てきています。これは、頭部に装着して周辺視界を遮るデバイスで、主にデスクワークの仕事に集中したいときの使用を想定したものです。その人が集中したいことが周囲からわかる点もメリットです。従業員がイライラすると休憩を促したり、照明の色が変わったりするシステムもあります。仕事をするときは集中し、休憩するときはゆったりして業務効率の改善を図ることが、ウェアラブルデバイスで実現されつつあります。集中力ややる気を高めるための利用方法には、多くの可能性が秘められています。

要点BOX

- ●従業員の所在地や健康を管理し、業務を効率化
- ●導入には従業員のメリットも明確でないといけない
- ●視界を遮り、集中力を高めるデバイスもある

仕事中の集中度をセンシングする

○○事業部 △△
勤務状況を一括で
管理できる

視界を狭めて集中力を高める

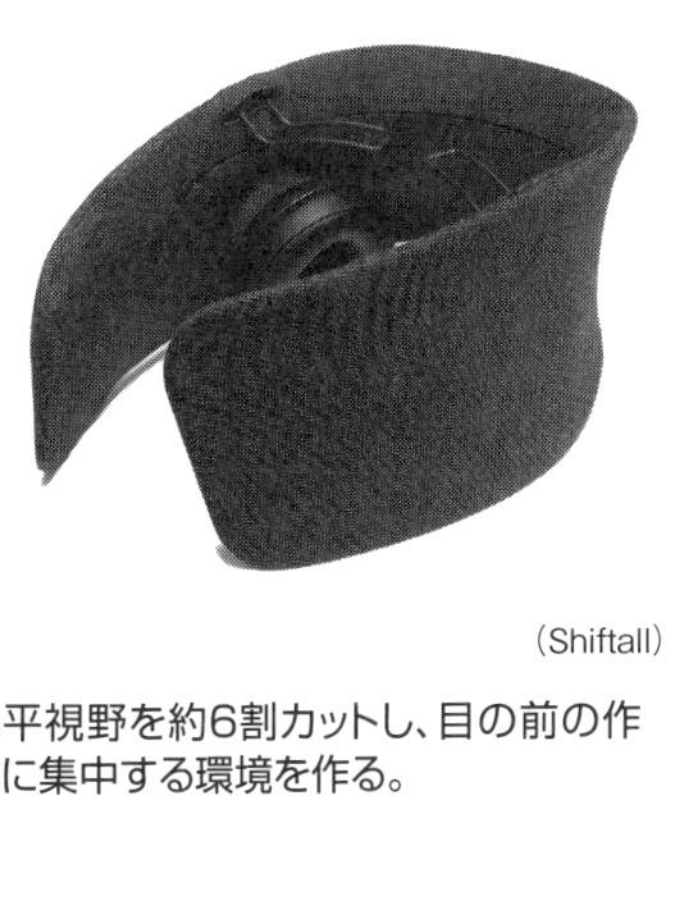

（Shiftall）

水平視野を約6割カットし、目の前の作業に集中する環境を作る。

56 物流現場での利用

検品やピッキング作業を効率化する

物流倉庫では古くからハンディターミナルが用いられています。バーコードやICタグがはりつけられた商品やラベルなどを読み込んで検品したり、倉庫内のものをピックアップしたり、置いたりするためのものです(ピッキング)。入出荷検品、棚卸などの業務に活用されていますが、現状の問題点として、片手がふさがってしまうこと、ハンディターミナルを落とすことが挙げられています。

11項の作業支援の項目でも述べた通り、ウェアラブルデバイスにおきかえることによって、これらの問題を解決し検品や棚卸などの業務が行え、業務効率の改善が図れます。具体的には、指先や手の甲、腕に取り付けたスキャナーと、HMDや腕時計型デバイスなどの表示機器を用いるものです。ピックアップの指示はHMDなどに表示され、指示通り倉庫内を移動して、指示された棚から指示された物を必要個数取り出してかごに入れ、また次の指示に従うというような作業を繰り返すことになります。

利用には、倉庫内の位置管理と物品の認識を正確に行う必要があり、さまざまな屋内位置測定やICタグなどを用いた物品認識などを行います。人の作業と連動して次々と指示が出される必要があり、作業の正確な認識も必要となります。システムとしては人やセンサ情報によるインタラクティブな動作が多いため誤動作の可能性があることや、一般に運用にあたってのデータ登録の件数が多いため、導入の敷居は高く、また試験導入した場合の失敗も多いようです。

ハンディーターミナルはWindows CEやWindows Mobileが古くから多く用いられているようなのですが、HMDやスマートウォッチとの相性が悪かったり、動作スピードが遅かったりする点が問題になるケースも多いようです。物流の一環として、宅配ではバイクやトラックの運転時でHMDを活用できそうです。今すぐに利用することは難しいのですが、安全に情報を提示できるようになれば有効に活用できるでしょう。

要点BOX

- ●ハンディターミナルをウェアラブルにおきかえる
- ●スキャナーと表示機器を合わせて利用する
- ●実用には屋内位置測定と物品認識が必要

ピッキング作業に使用するデバイス

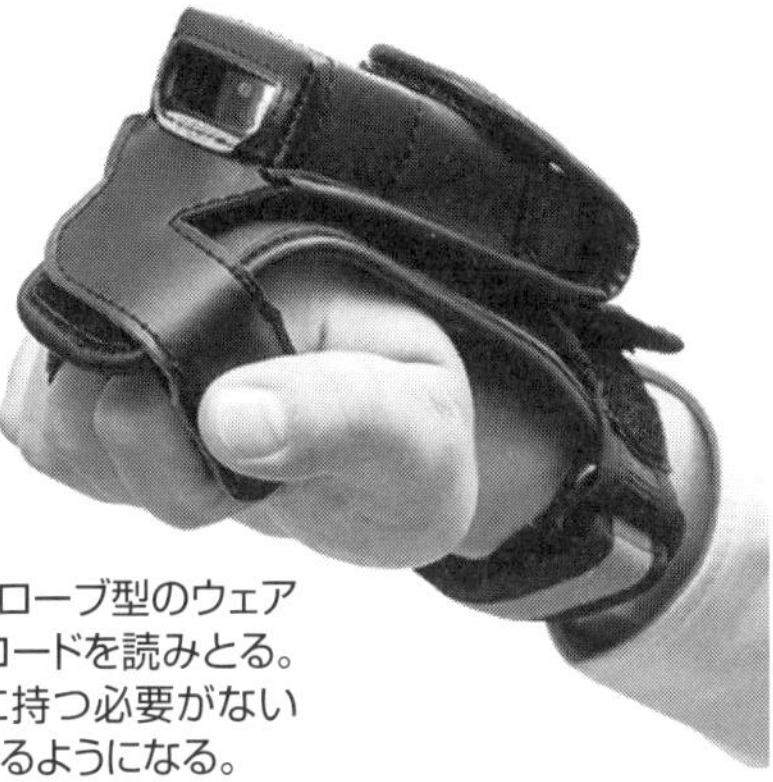

Bluetoothを用いるグローブ型のウェアラブルスキャナでバーコードを読みとる。ハンドスキャナーを手に持つ必要がないため、両手で作業ができるようになる。

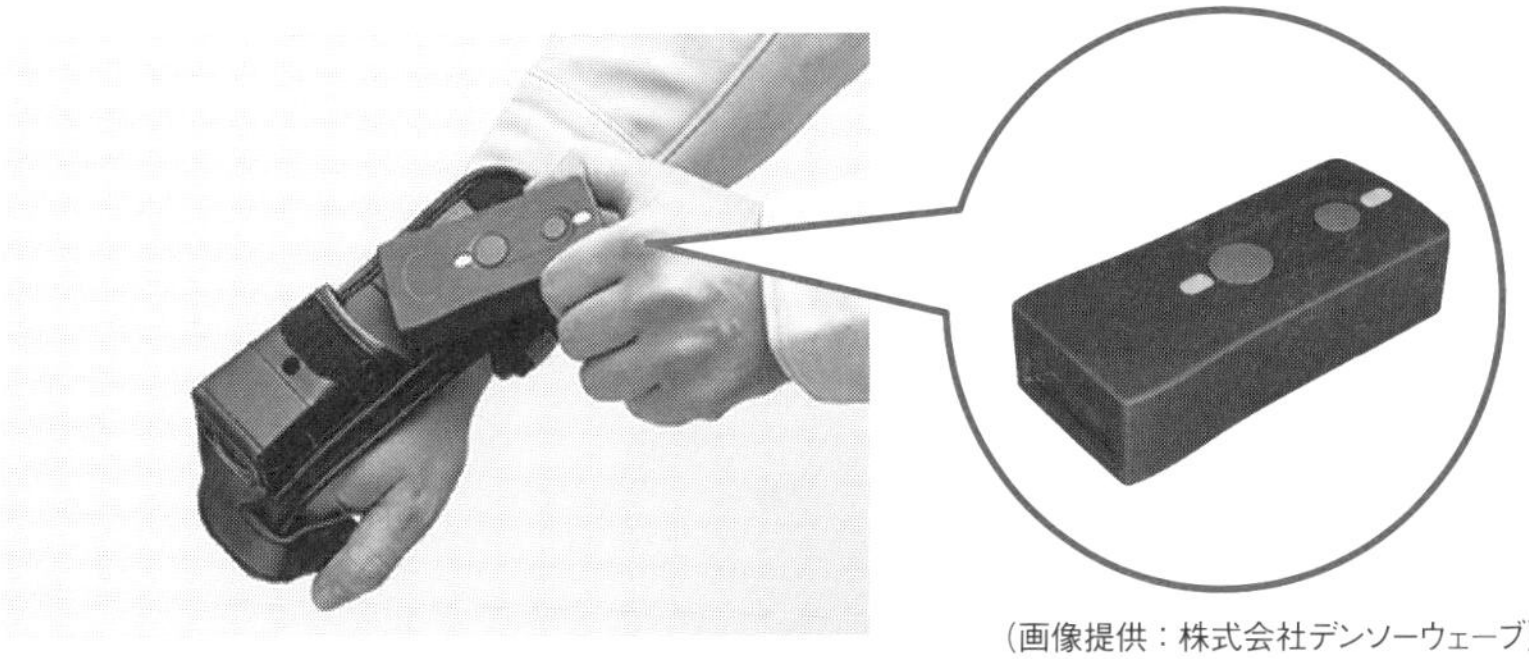

（画像提供：株式会社デンソーウェーブ）

倉庫での使用の様子

（Vuzix）

ピッキング作業においてハンディスキャナと紙の伝票の代わりにスマートグラスを使うと、ハンズフリーで迅速かつミスの少ない作業が可能になる。

57 警備現場での利用

情報の共有だけでなく不審者の割り出しも進む

警備現場には重要施設の警備、重要人物の警備、高額金品の輸送の警備、たくさんの人の警備などさまざまな場面があります。警備員は特定の場所にじっとしていることもありますし、動き回っていることもあります。そして、何かが起こったときにはとっさに行動しないといけません。安全性を高めるためにウェアラブルデバイスの導入が進んでいます。

重要アイテムの一つがウェアラブルカメラで、顔、胸、肩などさまざまな装着部位があります。カメラの映像を画像認識して、多くの人の中から不審な行動を見つけます。その映像は本部にも同時に送られ、緊急時には近くにいる他の警備員に連絡できます。連絡を受ける警備員は、ＨＭＤやスマートウォッチなどで詳細情報を受けて、地図を見ながら現場に駆け付けます。

警備員が現場に駆け付けた後、遠隔からの指示を受けながら現場周辺をカメラで映すような役割も期待されています。ウェアラブルカメラの映像は、蓄積してあとで利用することもできます。例えば数日後に盗難などの被害が発覚した場合に、カメラ映像を分析して怪しい人物をリストアップするといった使い方です。また、不審者との口論や争いなどは犯罪の決定的な証拠として使われることもあります。

現場の警備員が活用する映像は、自分のウェアラブルカメラの映像以外にもあります。例えば、定点監視カメラの映像やほかの人のカメラ映像、ドローンカメラ映像などです。それによって、自分の進む方向に不審な人影がないか、トラブルはないか、不審なものがないかなどが事前にわかり、対処方法を事前に本部と相談することができます。

人工知能技術は急速に進んでおり、犯罪者やこれから犯罪をしようとする人などをディープラーニングにより「ベテランの直感」以上の性能で見極めることができるようになっています。これらは警備において非常に有用な技術といえるでしょう。

要点BOX

- ●カメラ映像の分析で、不審な行動を見つける
- ●本部や周囲の警備員に情報を送り、応援を要請
- ●監視カメラ、ドローンカメラも合わせて利用

警備中の様子を記録

警備
撮影中
SECOM

（SECOM）

イベントなどの警備で利用。映像はリアルタイムに本部へ送られ、情報が共有されている。

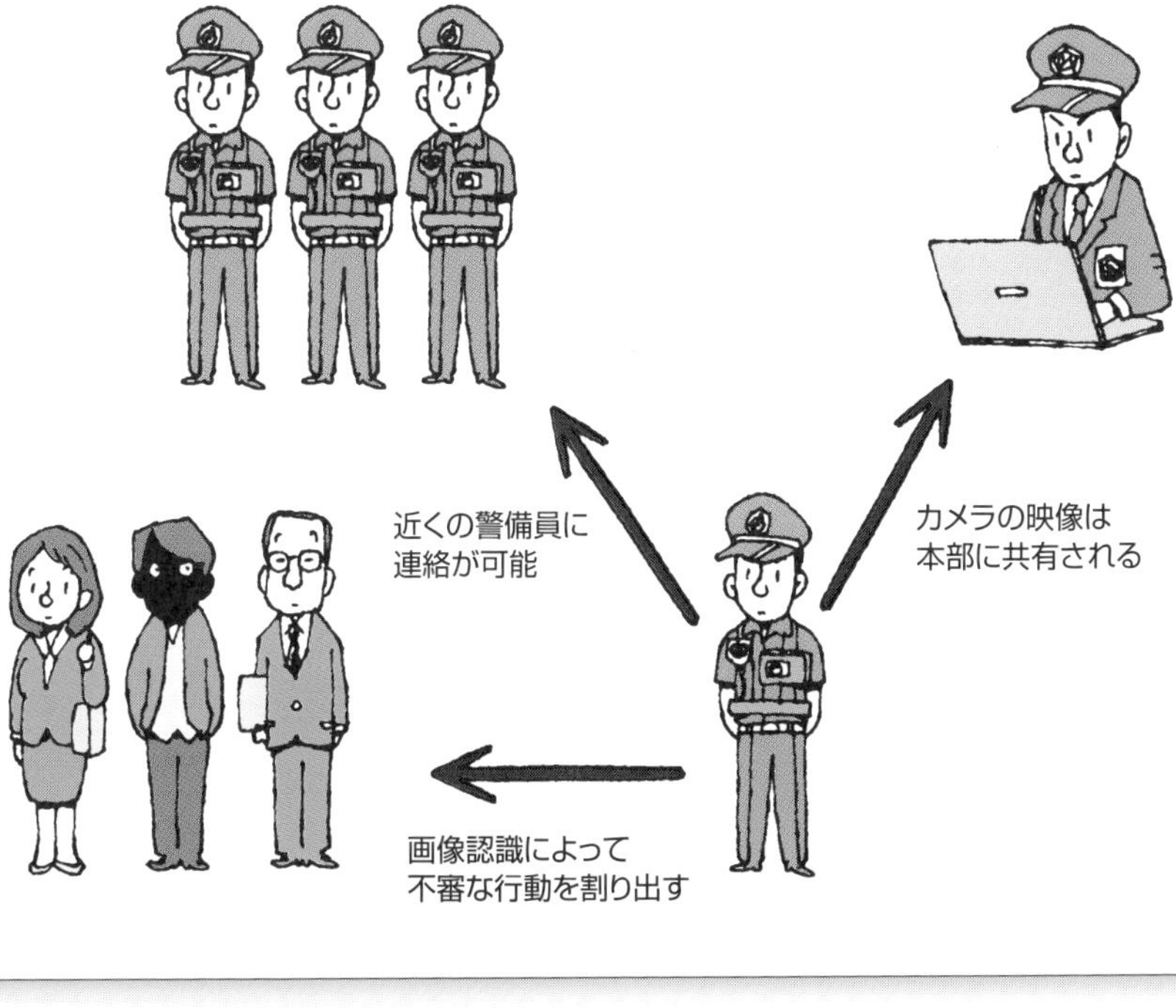
近くの警備員に
連絡が可能
カメラの映像は
本部に共有される
画像認識によって
不審な行動を割り出す

58 観光分野での利用

ＡＲ映像の提示や同時翻訳に利用

観光客がスマートグラスなどのウェアラブル端末を使って情報を見ながら観光するスタイルは、昔からウェアラブルのキラーアプリケーションの一つとして論じられてきました。ＡＲグラスを用いれば、観光スポットはどこにあるか、近くの店で何を売っているか、どの乗り物に乗ればいいのかなどを現地で容易に知ることができます。ＨＭＤを使った観光地のガイドツアーでは、歴史的な場所などでCGを使って当時の様子を再現することもできます。また、ＯＣＲ（光学文字認識）を用いた文字翻訳や音声認識を用いた翻訳なども有用です。

運用するには観光客のニーズにこたえる十分なコンテンツを用意する必要がありますが、当初はＷｅｂコンテンツを代用していくことができるでしょう。スマートフォンで十分という意見もありますが、ＨＭＤのほうが周囲への注意がそがれにくいため、事故や犯罪に遭いにくいというメリットがあります。また、精密なＡＲを使うと、より具体的な情報を提示できるようになります。ご当地キャラクターなどを用いたエンターテインメントの要素を加えることも容易です。

一方で、観光ビジネスの提供者にとってもウェアラブルの利用にはメリットがあり、最近はそちらのほうが注目されています。音声翻訳が最も注目されている技術の一つで、外国人観光客とスムーズに会話できるようになります。ホテルや観光施設、土産物屋などではすでに一部で使われ始めており、主として観光客の話す内容の聞き取りが重要なタスクです。実用面では、音声認識・翻訳の精度と、音声が発せられてから翻訳音声を聞いて応対するまでの時間に課題がありますが、それらの問題も技術により徐々に解消されつつあります。翻訳結果をＨＭＤに文字提示する場合は翻訳した音声を再生する時間が省けますので、対話はよりスムーズになります。翻訳以外にも観光ガイド用のセリフや、トラブル時のマニュアル対応を提示するなどの使い方をすれば、業務に不慣れな人にとっても役に立つでしょう。

要点BOX

- ARでの情報開示やCGによる再現映像を活用
- スマートフォンにない価値を提供可能
- 外国人観光客との会話で翻訳に利用

HMDを利用した観光ガイド

実際の様子
ARで表示

観光地で、かつて建っていた建造物や当時の人々をARで表示することができる。また、建物の解説や歴史的なイベントをARで再現できる。

外国人との会話をサポートする

（おすすめを聞いているんだな）
今日はマグロが
おすすめですよ。
What would you recommend?

外国人が話した内容が翻訳されてスマートグラスに表示される。自分が話した日本語も翻訳され、ウェアラブルスピーカーから音声が出力される。

59 保険業界での利用

ウェアラブルによる健康管理で保険料割引

保険業界で、リストバンド型活動量計やスマートウォッチの利用に注目が高まっています。保険業界におけるウェアラブルブームは欧米では２０１３年ごろ、国内では２０１７年ごろ非常に顕著にみられました。生命保険や損害保険、企業の保険組合や福利厚生などの一環として、契約者あるいは組合員に活動量計を使わせ、毎日の健康管理をするものです。保険会社としては、健康にかかわる個人情報を収集し、健康状況に応じた保険料を設定するためや、計測データに応じたリワードを設定し、利用者の健康促進を図るためにデバイスを利用しています。

例えば、東京海上日動あんしん生命保険の「あるく保険」は、毎日の歩いた歩数によって、還付金を受け取れる仕組みです。住友生命の「Vitality」は、健康診断や運動習慣で稼いだポイントによりステータスが変わり、翌年の保険料の割引率や各種特典が変化するシステムです。契約者は健康管理によって生活改善を行えばより健やかに過ごせ、保険会社は契約者が健康ならば保険料の支払い機会を減らせるため、双方にメリットがあります。

保険組合や福利厚生のケースでは、Fitbitなどのリストバンド型デバイスを無料で配る場合や、デバイスを着用したウォーキングイベントを開催するケースがあります。両者とも、大規模な統計データに基づき、こうした施策にメリットがあるとされています。ウェアラブルデバイスメーカーから見た場合、大量受注につながるため、より積極的にこの領域を推進しています。

スマートウォッチなどのウェアラブルデバイスの生体センシング機能はますます向上しており、最近は血中酸素濃度や血糖値が推定できるものなども登場しています。一方、人々の健康管理が行き届いた結果疾病などのリスクが減ると、保険の必要性が薄れることにもなりかねません。保険業界は、ウェアラブルデバイスをうまく活用して魅力的な商品を作っていくことが必須です。

要点BOX

- ●保険料の設定や契約者の健康促進に利用
- ●福利厚生で、デバイスの無料配布やイベントを実施
- ●保険の必要性と健康を両立する保険商品が必要

保険会社における利用例

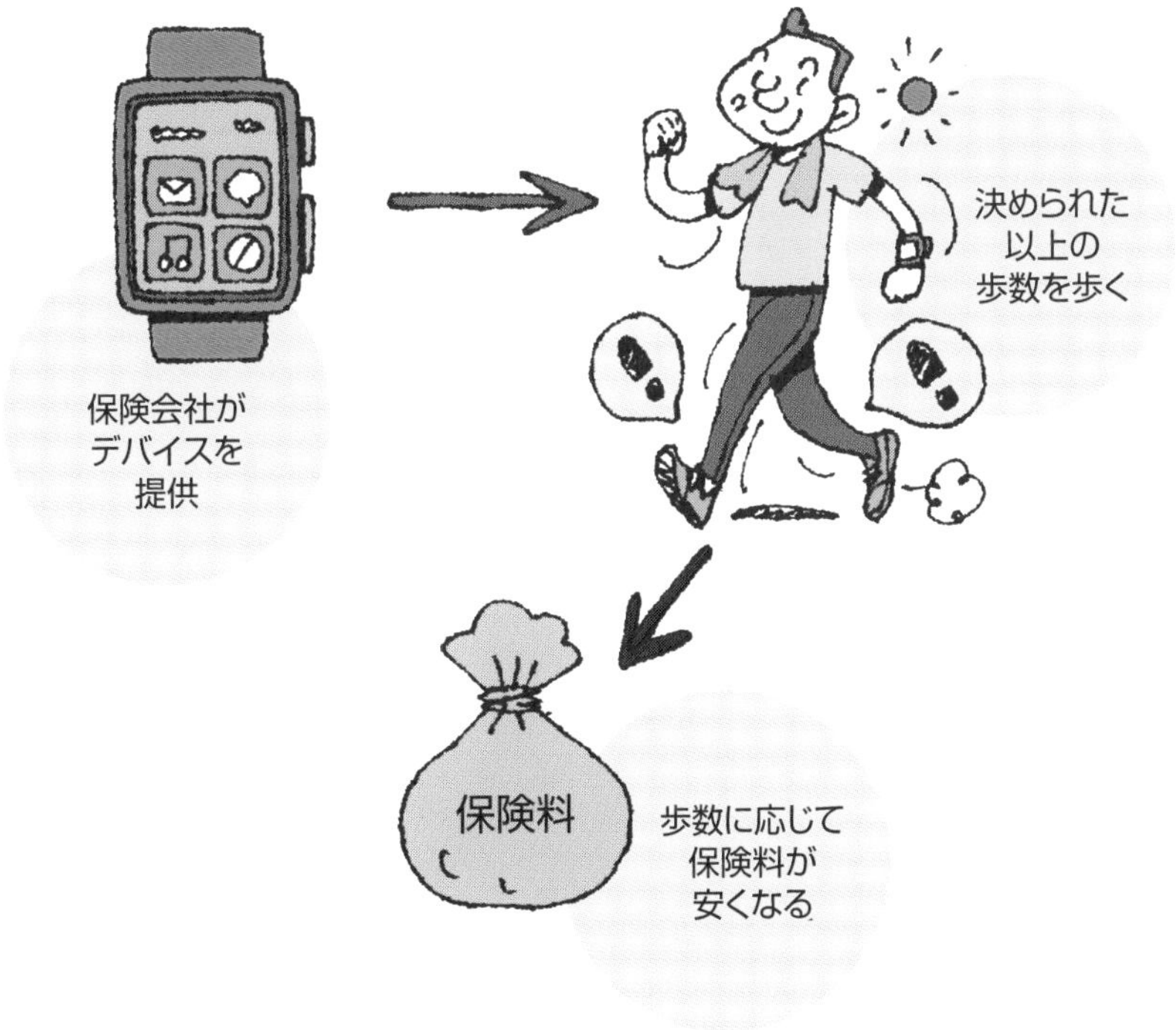
保険会社が
デバイスを
提供
決められた
以上の
歩数を歩く
保険料
歩数に応じて
保険料が
安くなる

保険会社
保険料の
支払い機会を減らす
適度な運動で
健康を維持する

60 警察・軍事での利用

捜査、対人業務、軍事作戦と利用範囲は幅広い

警察におけるウェアラブルの利用は、57項の警備の場合と同様、一つはウェアラブルカメラの利用に関するものです。つまりウェアラブルカメラにより不審者・不審行動をみつけだしたり、蓄積されたカメラ映像を捜査に活用したり、法的な証拠に使ったりするものです。東京マラソンではカメラを装着してコースを走るランニングポリスが話題になったように、「動くカメラ」としてウェアラブルカメラが活用されています。逮捕時の記録としても有用です。

一方で、ウェアラブルカメラをつけた警官は、横暴な態度や蛮行がなくなり、市民に対して善良になったという報告もあります。その警官自身はカメラの映像に映りませんが、市民とのやり取りは記録として残るためです。実際に、ニューヨーク市警などで警察に対するクレームが減少したとの報告もあります。

軍事においては、米国を中心に陸、海、空軍で古くからウェアラブルデバイスが活用されています。実際、米国は過去に多大な予算を投資してウェアラブル技術のコンパクト・軽量化を進めてきました。ウェアラブルカメラやHMDを現場で利用し、兵士や空軍兵が戦闘中に優位に立てるよう情報提示を行うものです。パイロットが飛行機やヘリコプターの操縦時に目を落とさずに、照準や地上映像、その他の情報などを見ることができます。陸軍では、赤外線カメラ映像を見て暗闇でも軍事作戦を実行できますし、敵、味方の居場所を見つけ出すのにも使用されます。教育、訓練でもARグラスが用いられています。

一方で、胸に張り付けるデバイスなどで味方の兵士が生きているか死んでいるかをモニタリングするという用途もあります。戦闘中において死んでしまった兵士よりも生きている兵士を優先して救出するなどという使い方になります。GPSが入らない状況での位置測位に用いるデッドレコニングは、元々、戦争中に兵士の生死を見極める技術として使われていました。

要点BOX

- 「動くカメラ」として、捜査や警備に利用
- カメラによって、警官に対するクレームが減った
- 軍事面では米軍を中心に研究が進む

ランニングポリス

「動くカメラ」として警備にも活用されている。

対人業務の質が向上

行動が記録に残るため、ニューヨーク市警では対人業務の質が上がったと報告されている。

軍事用途のウェアラブル

戦況を的確に表示、赤外線カメラを装置して暗闇でも活動できるようにしている。

Column

スマートグラスをめぐる世界企業の動き

　20年に及ぶスマートグラス産業が、GAFAMを中心に大きく動こうとしています。もっともリードしているのがMicrosoftです。Microsoft Hololensは2016年に米国で発売され、実世界を3DモデリングするLiDAR機能と高性能なGPUを含むエンジンを武器に、高度なARの世界を繰り広げました。2019年にはバージョン2となるHoloLens 2を発売し、産業用、軍事用を中心に売り上げを伸ばしています。

　それより前に展開を試みたのがGoogleで、2012年にGoogle Glassを発表しました。超小型かつ高性能なスマートグラスとして大きな話題となりましたが、発売後、様々な問題が起こり、2015年に発売を中止しました。最も大きな問題がカメラで、プライバシーを侵害するというもので、今は産業用として販売されています。2020年7月に、「普通のメガネに見える」スマートグラスを販売しているNorthを買収しました。目立たないスマートグラスを用いた「アンビエントコンピューティング（環境からのさりげないスマートコンピューティング）」を目指しているものと考えられます。

　最近の一番の話題はAppleで、近いうちに普通のメガネに見えるARグラスを販売するのではないかと噂されています。値段が安い、iPhone側で計算を行う、UWB（超広帯域無線）の機能がある、などのリーク情報が出回っていますが、真偽はわかりません。おそらくコンシューマを狙ったものであり、登場したときのインパクトは非常に大きいでしょう。

　Facebookも Oculusを買収してVRの世界を展開していますが、その先にARを見据えています。詳細は不明ですが、2021年にARグラスを発売すると発表しています。

　Amazonはスマートスピーカー Alexaを展開しましたが、その延長上にARグラスを狙っているようです。まずは音声デバイスとしてのメガネ、その次にビジュアル要素を加えたARグラスを見据えているようです。

　GAFAMの動きを見つつ、中国、台湾、韓国などの企業もスマートグラスを次々と展開しており、一気に浸透するタイミングは近いものと思われます。日本企業も古くからこの分野で頑張っていたのですが、市場がなかなか立ち上がらないために撤退する企業が多くありました。ソニーやエプソンを中心に日本企業の善戦を期待したいところです。

第8章

ウェアラブルの新しい展開

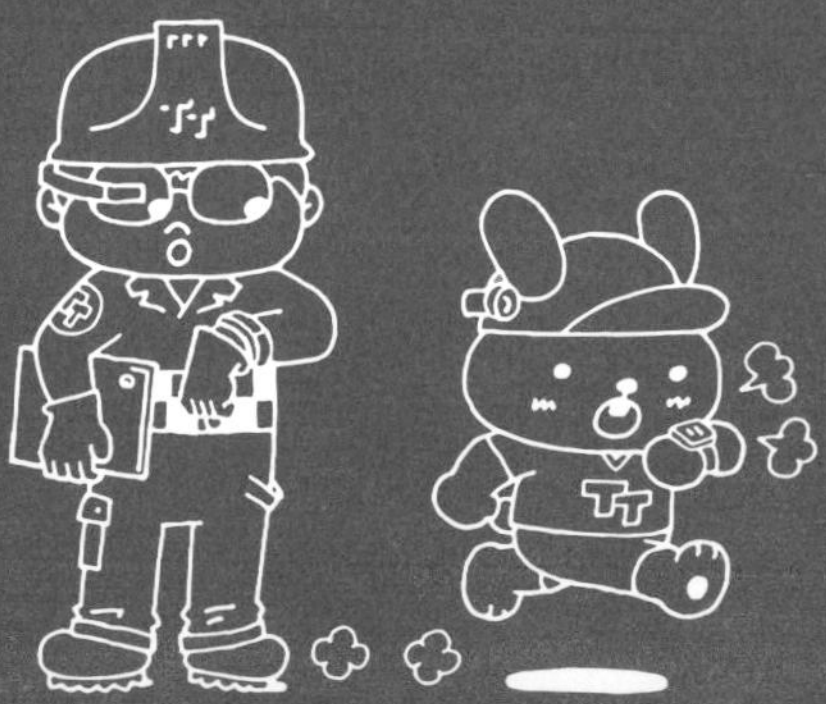

61 AR、VRとウェアラブル

ARデバイスの本命はウェアラブル

AR(Augmented Reality)とは、現実世界にコンピュータ画像を重ね合わせるもので、現実をコンピュータ機能によって拡張しているという意味です。古くから学術分野においてこのような言い方がされており、学術分野ではMilgram-Kishinoのサーベイ論文が有名です。これによると現実(Real)を拡張するのがARで、仮想(Virtual)を拡張するのがAV(Augmented Virtuality)、MR(Mixed Reality)はAR、VRを含めたリアルからバーチャルまでのさまざまな融合を意味します。しかし商業分野では、AR、MRという言葉が企業によって異なったニュアンスで使われるようになってきました。最近ではXRという言葉がAR、VR、MRを包括するものと定義されていますが、MRがもともとそのような意味であったことを考えると奇妙な定義です。かつて「ユビキタス」という言葉が、一般に広がるにつれ意味が変わっていったように、AR、MR、XRなどの言葉が今後も変化していく可能性がありますので、動向を見守る必要があります。Milgramの定義は理解しておきましょう。

VRは通常ウェアラブルコンピューティングには含みません。VRは架空の空間の中で活動するもの、ウェアラブルは実世界活動をしながらコンピュータを利用するもので、明らかに相反します。ただし、VRゴーグルにカメラを取り付け、カメラ映像をリアルタイムで見ながらその上にCGやテキストを合成する場合は、「ビデオシースルー」と呼ばれるタイプのARになります。それに対し、実世界を直接見てコンピュータ画像のみが合成されるタイプのARは「光学シースルー」と呼ばれます。ARグラスはスマートフォンに代わる将来の情報機器の本命とされており、GAFAM、BATHをはじめとして、多くのトップ企業がその実現に向けて歩み始めています(7章コラム)。高機能高性能で、小型軽量、バッテリーが長持ちするという点が重要ですが、まだ答えは見えていません。世界中で熾烈な技術競争が始まりつつあるといえます。

要点BOX

- ●AR、VR、MR、XRという言葉は定義が定められている
- ●CGと実世界を合成する手法には、ビデオシースルーと光学シースルーの2種類がある

AR、VR、MRの指し示す範囲

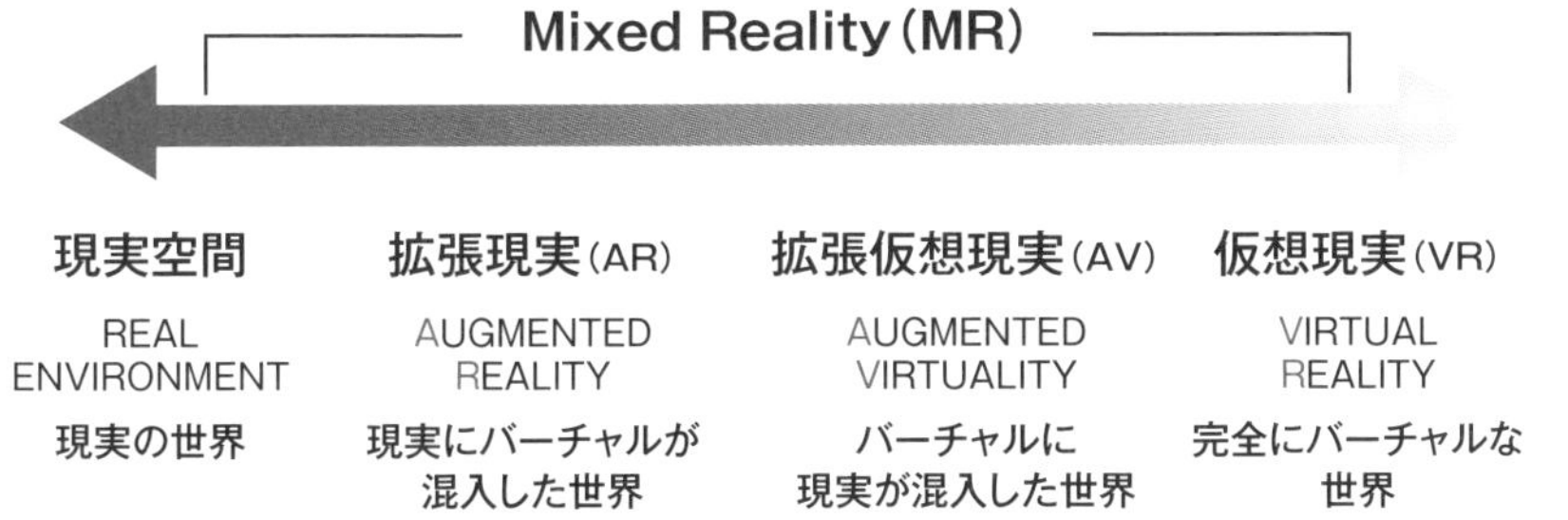

光学シースルーとビデオシースルー

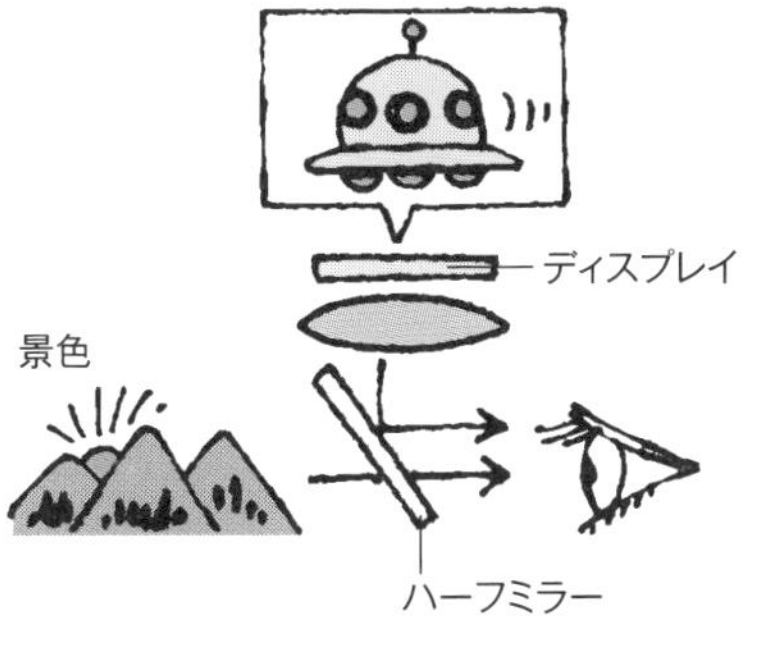

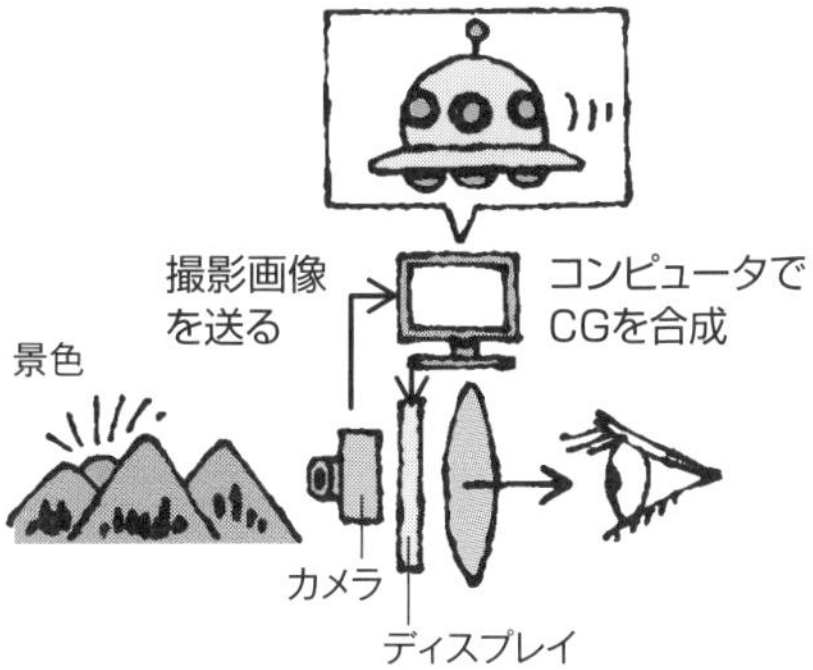

62 ウェアラブルで自動決済

スマートフォンより手軽に買い物できる

Suicaなどの交通系電子マネー決済では、NFCタグが用いられます。スマートフォンにもこの機能が搭載されており、自動改札機や自動販売機などにスマートフォンをかざすシーンもポピュラーになってきました。この機能が最近スマートウォッチにも搭載されてきています。

Apple WatchではApple Payに加えSuicaが使えるようになっています。Garminの一部端末はGarmin Pay およびGarmin Pay Suicaと呼ばれる機能を持ち、Visaのタッチ機能やSuicaが使えます。Fitbitの一部端末は、Fitbit Payと呼ばれる機能を持ち、どこでもクレジットカードの支払いが可能です。ソニーのwena wristにはベルト部分にNFCタグが入っており、FaliCaが使えます。スマートウォッチに自動決済機能が搭載されていれば、スマートウォッチをつけているだけで、電車に乗ったり買い物をしたりできます。また、決済をするときにいちいちポケットからスマートフォンを取り出さなくて済む点も格段に便利です。スマートウォッチさえつけていれば、スマートフォンなどを持たずに出かけられます。眼鏡型デバイスではリーダーへのタッチが困難ですので、QRコード決済への対応が考えられます。

ウェアラブルデバイスで自動決済の機能が使えるようにするには、専用のチップが組み込まれている必要があります。通常はNFCのチップの中に、自動決済に対応する専用の機能が組み込まれています。世界中で非常にたくさんの自動決済サービスが立ち上がっていますが、それぞれ独自の方式が採用されており、乱立状態にあります。一方、金銭の授受にかかわるサービスであるため強力なセキュリティが必要であり、参入のハードルを下げることは容易ではありません。ウェアラブルメーカーごとに独自の決済サービスを導入する傾向も顕著です。ウェアラブルデバイスが普及するにつれ、ますます方式の乱立が進むことが考えられます。将来はインプラントに進化すると予想され、現状、手の甲にチップを埋め込むサービスも立ち上がりつつあります。

要点BOX
- ●スマートウォッチの自動決済対応が増えている
- ●メガネ型デバイスでQRコード決済への対応が期待
- ●自動決済サービスごとに専用のNFCチップを内蔵

交通系電子マネーの決済

NFCタグを内蔵し、交通系電子マネーの決済が可能。

ウェアラブルを利用した決済

眼鏡型デバイスの場合、カメラを使用して
QRコードを読みとる方式が考えられる。

スマートフォンに実装されている決済機能
を腕時計型デバイスにも適用する。

63 ウェアラブルで同時通訳

コミュニケーションの壁を越えて活動を広げる

人工知能の発展によって音声認識、翻訳、音声合成の性能が向上しています。これをウェアラブルデバイスで利用すれば、海外など言葉が通じない場所での活動が自由になります。実際、イヤホン型、首掛け型、HMDでの音声認識、翻訳、音声合成の利用が可能になっています。相手が外国語で話し出すと、逐次的に翻訳され、数秒遅れでコンピュータ合成の音声で提示されたり、HMDの場合は文字で提示されたりします。逆に、自分が話した音声が、話している相手に理解できる言語に翻訳されてコンピュータ合成の音声がスピーカーから出る場合もあります。

このようなウェアラブル翻訳機の用途として最もポピュラーなものが、観光客が旅行で利用するというものです。ウェアラブルで使っている人はまだほとんど見られませんが、スマートフォンで音声翻訳機能を使っている人は多いかもしれません。一方、58項で述べた通り、今注目されているのは、観光業での利用です。すなわち、観光客を接客するホテルマンや土産物屋の店員、観光ガイドなどが使うというものです。彼らがウェアラブル翻訳機を使ってハンズフリーで接客することによって、コミュニケーションが円滑になり、売り上げにつながります。

現状、重要な課題は遅延です。相手が話し終わった後で認識が始まり、クラウドで翻訳して音声合成し、自国語で再生するという処理手順となりますので、それらが完了するまで、一定（5秒〜10秒ほど）の時間がかかります。この課題を解消する一案として、HMDを利用すれば、翻訳結果を画像で表示できますので、翻訳に要する時間が短くなります。また、最後まで言い終わってから実行するのではなく、話している途中から処理を進めていくことが有効です。話し言葉は、文書と比べて文脈やニュアンスなどを加味して翻訳する必要があり、難しいといえます。ただし、これらの技術的課題は、利用が増えるにつれて解決されていくと思われます。

要点BOX

- 外国語の音声を認識、翻訳し、音声か文字で提示
- 特に観光業での利用が期待される
- 翻訳の遅延や話し言葉の正確な翻訳は今後の課題

翻訳のプロセス、課題と解決策

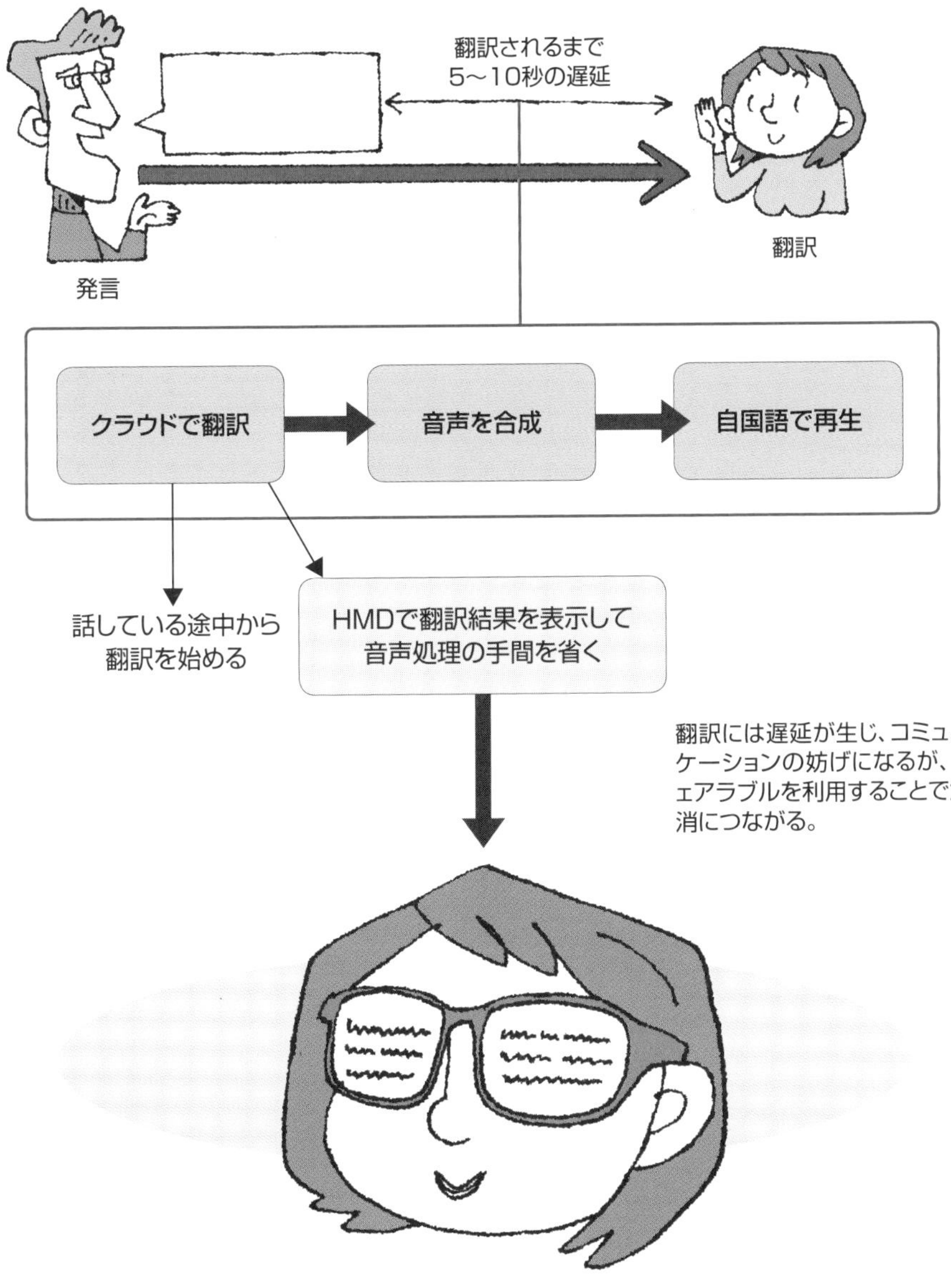

翻訳には遅延が生じ、コミュニケーションの妨げになるが、ウェアラブルを利用することで解消につながる。

HMDを利用して、ディスプレイに翻訳結果を映し出す。

64 人工知能(AI)を利用したウェアラブル

認識できるものの幅が広がる

近年、ディープラーニングを中心として人工知能技術が急激に進化しており、さまざまな用途で有効活用されています。なかでも、ウェアラブルコンピューティングは非常に有望な利用分野と見られています。現場で知能を発揮できる点がポイントです。

有効な用途の一つは顔認識、物体認識などの画像認識です。ここ10年のディープラーニングの発展により、これらの性能が人間を凌ぐほどになってきています。顔認識は警備、警察などで危険察知、不審者検出に有効(57項、60項)ですし、物体認識は物流や保守点検などの業務用で、作業支援や移動支援に有効(11項、54項、56項)です。交流会などで相手の名前がわからない状況に困っている人が多いのではないかと思いますが、スマートグラスをかけて目の前の人の顔をカメラで撮影すれば、その人の名前やプロフィールがHMDに提示されるようになります。屋外では、目の前の植物や動物の名前を表示することも可能です。このように民生用でのさまざまな有効な使い方があります。音声認識、翻訳などは観光や旅行で有効で、観光業での業務用で使われるようになってきています(58項、63項)。音声の認識結果を文字にしてHMDに表示すれば、聞き取りにくい場合や聴覚障碍者向けのデバイスとして有効です。

また、さまざまなセンサデータからディープラーニングを用いて行動認識や感情推定、健康管理を行う研究が多くあります。行動認識や感情推定はライフロギングに有効(8項)ですし、健康管理は熱中症の予防や病気の早期発見などに有効です(7項)。人工知能を用いれば、さらにセンサから得た情報のすべてを組み合わせてナビゲーションやレコメンデーション、意思決定支援などを行うことができます。結果として、働くすべての人々の業務内容が根本から変わりますし、日頃の生活を最適にサポートしてくれることになるでしょう。将来は個人のアドバイザとして、行動の管理と指示をしてくれるかもしれません。

要点BOX

- ●画像認識、物体認識は日常生活、業務ともに活用
- ●音声認識、翻訳は聴覚障碍者向けにも有用
- ●行動認識はライフロギングや健康管理にも効果的

人工知能でできること

画像認識・物体認識

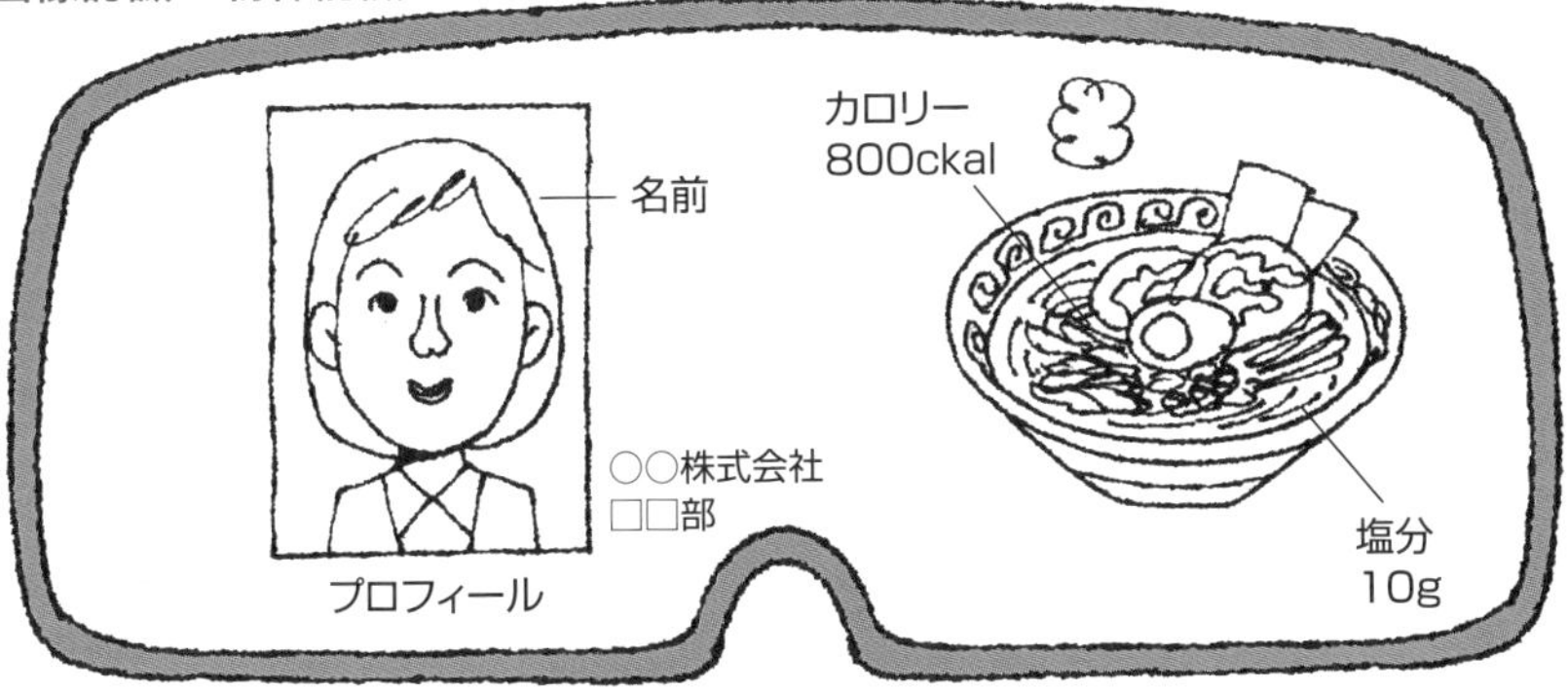

登録された情報を提示できる

食事の内容を認識して栄養価を表示

音声認識

音声認識の精度が上がっていけば、記録として残すに足る議事録を、
手間をかけずに作成できる。

行動認識

周囲の情報から、人が取るべき適切な判断をアドバイスする。

65 ロボティックスとウェアラブル

ロボティックスとの融合で人間の能力を強化

　ウェアラブルロボティックスというと、パワードスーツ（パワーアシストスーツ）を思い浮かべる人が多いかもしれません。パワードスーツとは人体に装着するアクチュエータや人工筋肉のことで、装着すると普通以上のパワーを発揮できます。アニメやSFの世界では古くから、速く走ったり敵を殴ったりする道具として使われています。現状ではコンピューティングの要素が少なく、「ウェアラブル」と言わない場合も多いのですが、最近はユーザの意図や力の加減のセンシングなど、複雑な制御をするためにコンピュータの役割が増えています。現在は介護や流通業界、工場などで使われつつあります。

　義足・義手やパワーアシストスーツも身体に装着するという意味ではウェアラブルです。これも現状ではコンピューティングの要素がないためウェアラブルデバイスとは呼ばれせんが、最近はセンサが入り、高度な計算をするものもあります。無線通信機能を備えてスマートフォンにつながり、使い方に合わせてプログラムを実行し、通信で遠隔から操作できるようになれば立派なウェアラブルデバイスです。

　アート分野などでは、第3の手、第4の手や第6の指などが流行っています。これらはアートだけでなく、業務用で使うような事例もあります。支えが必要な場合、第3の手で何かを掴みながら両手で作業する場合、作業自体を第3の手、第4の手を使って行う場合など、便利に使えるシーンがあります。第6の指を使って人間にはできないピアノ演奏をする事例もあります。

　一方で、据え置き型のロボットの操作にウェアラブルデバイスを使う研究もあります。工場などで協働ロボットを操作する場合、従来ならレバーを操作して操縦していたものをハンズフリーで操作できるようになります。ウェアラブルキーボードや指輪型クリッカー、ハンドジェスチャーなどが有効です。ウェアラブルユーザインタフェースの技術を用いれば、体の様々な部分を使ってロボットへ指示をすることが可能になります。

要点BOX

- ●パワードスーツは介護や流通・工場などで利用
- ●第3の手、第4の手など、人間拡張が業務を効率化
- ●据え置き型ロボットをウェアラブルで操作

パワードスーツの業務利用

重いものを持ちあげるなどの業務を補助。最近は力の加減などがセンシングされ、ウェアラブルに近づいている。

第3の手と利用する場面

足場の不安定な場所での作業などに使用を想定。視線を向けると固定される仕組み。

固定する箇所を多くしたい作業などに使用を想定。視線を向けると第三の腕が稼働する。

66 身体がインターネットにつながる(IoB)

ウェアラブルからインプラント、そして脳へ

ここ数年の間にIoT（Internet of Things）という言葉が広く使われるようになりました。ものがインターネットにつながる現象を指しており、よくある状況として、小型の無線通信デバイスとセンサを実世界のものに埋め込むことが考えられています。この「T（Things）」を「B（Bodies）」に置き換えたのがIoBです。これは身体がインターネットにつながるIoTの一種でもあり、「ウェアラブルIoT」と同等といってもよいでしょう。典型的な例として、ウェアラブルセンサが無線でクラウドにつながるような状況が考えらます。

IoBにより、健康管理、安全管理、業務管理などを行うことが考えられており、現時点では業務用途で急激に実用化が進んでいます。一例として、IBMとミツフジはIoBを用いた業務用安全管理で急成長しています。センサの組み込まれたシャツで心拍や体温、動きなどを計測し、それらを用いて健康管理や安全管理を行うものです。業務用システムとして販売されていますが、将来的には民生用もターゲットとなります。日常生活の中で常時生体情報がセンシングされ、健康が管理される生活スタイルが目指されています。

ノースイースタン大学のアンドレア・マトウィーシン教授は、IoBを身体に物理的な危害をもたらすソフトウェアと定義し、IoBを「定量化」、「体内化」、「ウェットウェア」の3つの段階に分類しました。センサで体の動きを「定量化」するというのが最初の段階で、これは「ウェアラブル」に相当します。氏はさらに先の状況を見据えており、次の段階は体内に埋め込む「インプラントコンピューティング」、さらにその先として脳につながる「ウェットウェア」へと進化していくと想定しています。バグの多いソフトウェアと調子の悪い身体が組み合わさると物理的な危害につながるとも警告しており、IoBの進化は慎重に進めていく必要があるでしょう。

IoBはIoTの一部となって、近いうちに少しずつ広がっていくことが想定されます。

要点BOX

- ●IoBは身体とインターネットの接続を指す
- ●業務用システムで実用化が進む
- ●将来は体内へ埋め込み、脳とつながるデバイスへ

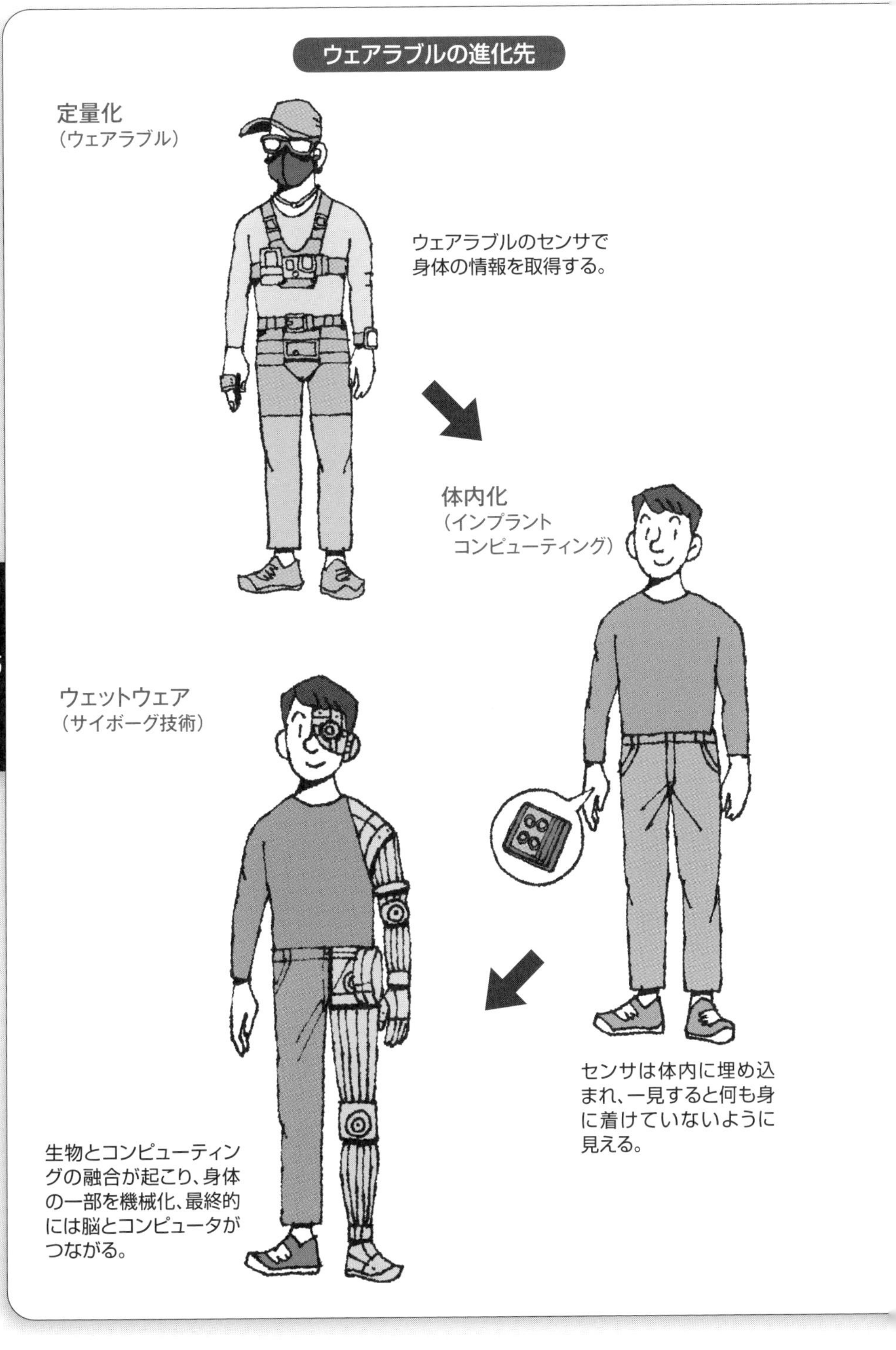
ウェアラブルの進化先
定量化
（ウェアラブル）
ウェアラブルのセンサで
身体の情報を取得する。
体内化
（インプラント
コンピューティング）
センサは体内に埋め込
まれ、一見すると何も身
に着けていないように
見える。
ウェットウェア
（サイボーグ技術）
生物とコンピューティン
グの融合が起こり、身体
の一部を機械化、最終的
には脳とコンピュータが
つながる。

Column

ウェアラブルからサイボーグへ

　機器を身に着けることはウェアラブルコンピューティングですが、機器を体の中に入れてしまうことはインプラントコンピューティングと呼びます。インプラントコンピューティングの次の段階がサイボーグです。サイボーグとは、人間の身体の一部が機械に置き換わることを意味します。

　サイボーグは次の3種類に分けて考えるのがよいでしょう。

①身体の運動機能を機械で代替すること

②身体の各部位（脳を除く）の機能を機械で代替すること

③脳の機能を機械で代替すること

　脳を特別扱いするのは、脳が特殊な臓器だからです。

　運動機能を代替する手段としては、古くは義足、義手が、最近では人工筋肉や人工骨などがあります。近年、これらが高機能かつ高性能化しており、パラリンピックなどで生身の身体以上の記録を出しつつあることは周知のとおりです。これらにセンサやコンピュータ、通信機能などが内蔵されると、状況に応じて自動的な動作が行えるようになるかもしれません。

　身体の各部位の機能を代替する手段としては、人工心臓、人工血管、人工肛門などがありますが、これら以外の臓器も徐々に生物的なもの、非生物的なものによって代替可能になっていくでしょう。義眼、人工内耳なども高性能なカメラやマイクが内蔵されるようになると、生身の身体を超える性能を発揮できる可能性があります。

　最後の脳を代替する手段としてですが、これがまさにコンピュータに相当するものです。脳科学が急速に発展し、脳の各部位のマクロな機能やメカニズムが徐々に判明していますし、近い将来人工知能が人間の能力を超えるのではないかと言われています。まさにそのような頭脳を人間の脳の全部、あるいは一部と置き換えていくSFの世界が考えられます。また、無線通信を用いて思考機能の一部をクラウドなどの外部で行うことも考えられます。技術的に可能になったとき、その技術をどのように使うのか、社会全体でコンセンサスを取りながら考えていく必要がありそうです。

　ウェアラブルの先にはサイボーグの世界があり、その世界はそれほど遠くない将来にやってくるかもしれません。

【参考】（順不同）

〝Reebok Checklight Wins Fast Company Innovation By Design Award〟2014年10月16日〟Reebok（https://news.reebok.com/global/latest-news/reebok-checklight-wins-fast-company-innovation-by-design-award/s/1487ce21-b8b2-436f-b56e-e3d658437f4e）
ORPHE（https://orphe.shoes/）
DIGITSOLE（https://digitsole.com/#）
Xenoma（https://xenoma.com/）
「エレクトロクロミック調光技術 ～サングラスへの応用～」リコー（https://jp.ricoh.com/technology/institute/research/tech_ec_glasses）
「素材発見!-COCOMI」東洋紡（https://www.toyobo.co.jp/discover/materials/cocomi/）
「伸縮性ひずみセンサC-STRETCH」バンドー化学（https://marketing.bandogrp.com/C-STRETCH_LP.html）
マクセルホールディングス公式（https://www.maxell.co.jp/）
「C3fit IN-pulse」ゴールドウィン（https://www.goldwin.co.jp/store/ec/contents/c3fit/inpulse/product.html）
「motus baseball」オンサイドワールド（https://onsideworld.com/motus/）
ガーミン（https://www.garmin.co.jp/）
meleap（https://meleap.com/jp）
mplusplus（http://www.mplpl.com/）
〝Product photo〟Vuzix（https://www.vuzix.com/News/Product_Photos?filter=blade-enterprise-usecase）
Shitall（https://ja.shiftall.net/）
デンソーウェーブ（https://www.denso-wave.com/ja/adcd/product/handy_scanner/wearable-sf1.html）
セコム（https://www.secom.co.jp/）

タ

ナ

ハ

マ

ヤラワ

索引

英数

ア

カ

サ

今日からモノ知りシリーズ
トコトンやさしい
ウェアラブルの本
キーテクノロジーと活用分野がわかる!

NDC 007

2021年1月22日　初版1刷発行

©著者　塚本 昌彦
発行者　井水 治博
発行所　日刊工業新聞社
東京都中央区日本橋小網町14-1
(郵便番号103-8548)
電話　書籍編集部　03(5644)7490
販売・管理部　03(5644)7410
FAX　03(5644)7400
振替口座　00190-2-186076
URL　https://pub.nikkan.co.jp/
e-mail　info@media.nikkan.co.jp
印刷・製本　新日本印刷(株)

●DESIGN STAFF
AD――――志岐滋行
表紙イラスト――――黒崎　玄
本文イラスト――――小島サエキチ
ブック・デザイン――――奥田陽子
(志岐デザイン事務所)

●
落丁・乱丁本はお取り替えいたします。
2021 Printed in Japan
ISBN　978-4-526-08108-8 C3034
●
本書の無断複写は、著作権法上の例外を除き、
禁じられています。

●著者略歴

塚本 昌彦(つかもと・まさひこ)

神戸大学大学院工学研究科　教授(電気電子工学専攻)
NPOウェアラブルコンピュータ研究開発機構　理事長
NPO日本ウェアラブルデバイスユーザー会　会長
NPOウェアラブル環境情報ネット推進機構　理事

1987年　京都大学工学部数理工学科卒業
1989年　京都大学大学院工学研究科応用システム科学専攻修士課程修了
1989年　シャープ株式会社入社、研究開発に従事
1995年　大阪大学工学部情報システム工学科講師
1996年　大阪大学工学部情報システム工学科助教授
2002年　大阪大学大学院情報科学研究科助教授
2004年　神戸大学工学部電気電子工学科教授
2007年　現職

ウェアラブルコンピューティング、ユビキタスコンピューティングのシステム、インタフェース、応用などに関する研究を行っている。応用分野としては特に、エンターテインメント、健康、エコをターゲットにしている。
2001年3月よりHMDおよびウェアラブルコンピュータの装着生活を行っている。